おうちで育てて、
おいしく元気！

キッチンハーブ

目次

CONTENTS

はじめに

ハーブはどんな植物？

昔の人々は、暮らしの中にある植物を、さまざまな形で利用してきました。それは野菜として食べるだけではなく、乾かしてお茶にしたり、消毒や虫除けなどにも使ってきたのです。その効果や効能は、決して化学的なものではなく、長い年月をかけた伝承や体験から得た知識がもとになっています。

そんな生活に役立つ植物のことを、西洋では「ハーブ」と呼びますが、それは厳密な定義があるわけではありません。

本書では、代表的なハーブの魅力と栽培方法、簡単な利用法などを紹介しています。自分自身が育てながら、その植物がもっているハーブの力を実感していくことがとても大切です。

自分の体、暮らし方にあったハーブを見つけてみましょう。

ハーブと仲良くなる3つのポイント

1 使うことをイメージして、種類を選ぶ

育てたハーブを、たくさん料理に使ってみたいけど、苦手な香りもある方も多いはず。それぞれのハーブには、特有の香りがあります。料理によっては向き不向きもありますが、まずは自分好みの香りのものを探しましょう。料理に使えなくても、生の葉の香りをかぐことで、セラピー効果があるはずです。

苗を購入するときには、そっと葉を触って、香りを確認して選ぶと良いでしょう。

2 毎日、生長を観察

植物と仲良くなるために一番大切なポイントは、いつも観察してその変化を見逃さないことです。多くのハーブはとても育てやすいですが、ほったらかしにしては、すぐに枯れてしまいます。置き場所や、水やりなど、どれも植物にあった環境かどうか、生育の様子を見ながら判断しなければなりません。

犬や猫のように、はっきりした反応はありませんが、葉や新芽の様子を見ていると、ささいな変化が見えてきます。植物に声をかけるとよく育つという伝説めいた話がありますが、毎日のように声をかけ、その反応を見ることは、植物の状況を観察することで、とても良い習慣だといえます。

3 使って実感するハーブの力

ハーブにはたくさんの品種があり、それぞれに薬効成分も研究されています。欧米では「メディカル・ハーブ」として利用されるものもありますが、その成分は、種類や育てた環境などによって、大きな差があるのも事実です。もちろん使う人の体質や体調によっても、さまざまな反応があるでしょう。

同じ種類のハーブティーでもドライと生の葉では、また違いがあります。最初のうちは、その種類との相性を計って、少しずつ使うのが良いでしょう。

キッチンハーブの3つルール

1 置き場のこと

植物は、根から水分、酸素、栄養をとり、葉で光合成を行って育ちます。種類によって多少の差はありますが、光が当たらないと植物は育ちません。キッチンで、手軽に便利に使いたいハーブですが、基本的にはベランダや出窓の直射日光が当たる場所で育てましょう。

2 植木鉢のこと、土のこと

ハーブの多くは、春から夏にかけて大きく生長します。春先に小さなポット苗で買ったものが、何倍かになるわけです。そんな生長を支えるのが、植木鉢と土です。素焼きの植木鉢は、表情も柔らかで魅力的ですが、すこし重いことと壊れるリスクがあります。プラスチック製は水持ちもよく、色やデザインを選びやすくなっています。

土は、園芸用の「培養土《ばいようど》」を使いましょう。数種類の用土や改良材を配合してある培養土は、水はけや水持ちが良く、元肥《もとごえ》（肥料）も入っています。

3 水やりのこと

園芸の初心者が、もっとも失敗しやすいのが水やりです。

植物が必要な水の量は、植物自体の大きさ、季節や温度、鉢の置かれている場所によって大きく違いがあります。

基本的には「土の表面が乾いたら、鉢底から出るくらいたっぷり与え、受け皿の水は捨てる」です。生長時期なら、なるべく午前中に水やりをしますが、真夏のベランダなどの乾きやすい場所なら、朝夕2回の水やりが必要でしょう。

この本の使い方

コラム
コラムは、内容によって色を分けて紹介しています。
…食・料理
…栽培
…効能・雑学
…暮らし

解説
品種の特徴や歴史、使い方など、それぞれのハーブのポイントを解説しています。

名称と基本情報
名称、別名、和名、科名、原産地を表記しています。

コリアンダー（パクチー）
別名　シャンツァイ（香草）、コエンドロ
科名　セリ科コエンドロ属
原産地　地中海地方

株が小さいうちは葉を摘みすぎないようにしましょう。

エスニック肉みそ
葉や茎をみじん切りにし、ひき肉とニンニク、ショウガなどと合わせて肉みそにしておくと、保存もきき、あたたかいご飯にかけるだけでおいしくいただけます。

茎や根の使い方
茎は葉先に比べると香りが強いので、細かく刻んで使いましょう。根にも強い香りがあり、スープをとったり、つぶしたり刻んだものを炒めものやカレーのトッピングにすることも。

Coriander
一年草

独特の香りがクセになるエスニックハーブ
「パクチー」という名前でおなじみのハーブ。独特の強い香りを持ち、タイ料理やベトナム料理に欠かせません。葉は柔らかく、サラダやおひたしとしていただけるほか、素麺やお刺身、スープ、焼きそばなどのスパイスにすると、エスニックな香りが引き立ちます。アボカドとトマト、たまねぎなどにコリアンダーを混ぜてつくるメキシコ料理の定番「ワカモレ」もおすすめ。種は、葉をまろやかにしたような味で、ほんのり甘い香りがします。ガラムマサラやカレー粉にも使われ、ピクルス液に数粒入れるのもおすすめ。

種について
コリアンダーシードはカレーに欠かせないスパイスの一つ。オレンジに似たさわやかな香りがあり、デザート作りにも使われます。

白和えの衣にコリアンダーを加えて
絹ごし豆腐にすりごま、塩、ごま油を加え、すり鉢ですり合わせてよく混ぜたら、刻んだコリアンダー、干しえび、ナッツなどを入れます。このままでもおいしくいただけますが、ゆでた春菊などを和えるとさらにおいしさがアップします。

フォー
材料（2人分）
牛薄切り肉…150g
コリアンダー…1/2 束
青ねぎ…1/2 本
もやし…100g
赤トウガラシ・青トウガラシ…各 1 本
フォー……150g
A ナンプラー…大さじ 2
鶏ガラスープの素(顆粒)…小さじ 1
塩…小さじ 1/2
コショウ…適量
ライム…適量
作り方
1 牛肉は赤みが残る程度に熱湯でさっとゆでて冷水にとり、冷めたら水けをきって食べやすい大きさに切る。もやしはさっとゆでる。赤トウガラシと青トウガラシは種を取り除いて輪切りにする。青ねぎは斜め切り、コリアンダーはざく切りにする。
2 鍋に湯 3 カップをわかし、A で調味する。
3 フォーは袋の表示を目安にゆで、ざるに上げて水気を切る。器にフォーを入れて 2 を注ぎ入れ、1 を盛りつける。好みでライムをしぼる。

栽培と収穫
夏越しがポイント 蒸し暑さと乾燥にご用心
植えつけ
春や秋に苗が出回ります。寒さに強いので秋に植えつけ、春に大株に育てるのがおすすめ。こぼれ種でもふえます。種から育てる場合は、3～5月（春まき）、9～10月（秋まき）に種まきを。春まきではやわらかい葉がたくさん収穫でき、秋まきなら病害虫の被害が少なくてすみます。
収穫
草丈20㎝ほどになったら外側の葉から収穫します。トウが立つと茎葉がかたくなるので早めに摘み取り、花や種を収穫するときは葉の収穫を控えましょう。
夏越し
水を好むので、とくに夏は水切れさせないように。蒸し暑さで生育が衰えたら、9月に新苗を植えるのが良いでしょう。

栽培カレンダー
1年を通して、どの時期に植えつければよいか、いつ収穫できるかなど、栽培に関するイベントが一目でわかるカレンダーです。

栽培方法
家庭での栽培のポイントを表記しています。

レシピ
おすすめのレシピを紹介しています。

注意点
● ハーブには、食べたり、肌に触れたりすると、体調や体質によってはトラブルを引き起こすものがあります。食べたり、飲んだり、肌につけたときに違和感を感じたら、使用するのをやめ、必要に応じて医師に相談することをおすすめします。
● 持病があったり、従来の医薬品を服用している場合には、必ず医師と相談をしてから摂取するようにしてください。妊娠の可能性がある、妊娠中、12 歳未満の子供、ご年配の方の場合も同様です。
● 本書で紹介しているハーブやスパイスは薬ではありません。活用法や植物療法を病気療法の代用にはしないでください。

PART 1

一年草のハーブ

ANNUAL & BIENN

一年草って どんなハーブ？

春に種から芽が出て、花が咲き、秋に実（種）をつけて枯れてしまうものを一年草といいます。秋に種まきをし、翌年の冬まで一年以上生育するものもありますし、原産地の気候では、一年以上枯れない品種もあります。種子から開花、結実して枯れるサイクルをもった植物を、一年草、二年草などと呼びます。

種から、どちらから育てる？

種をまけばたくさんの株を育てることができますが、数個の植木鉢で育てるのなら、苗を購入するほうが手軽です。

種

種まきは品種それぞれに適した時期があります。発芽に必要な温度や、その後の生長のタイミングを間違わないようにまくことが大切です。

種袋にはまき時などの情報が書かれています。開封してから残った種を保存する場合は、湿気や高温を避けて保存しましょう。保存期間を過ぎたものは、発芽率が下がってきます。

苗

ハーブ苗の多くは、春先から出回ります。品揃えの良いお店で、茎がしっかりし、葉の色が鮮やかで元気なものを選びましょう。ビニールポットのまま長期間管理された苗は、ポットの中で根が伸び過ぎて、鉢底から出ているものもありますから、注意しましょう。苗は、購入後は早めに大きめの鉢に植え替えてやります。

バジル

別名／スイートバジル、コモンバジル
和名／メボウキ（目箒）
科名／シソ科（メボウキ属）
原産地／インド、熱帯アジア

ギリシャではテラコッタに植えたグリークバジルを食卓に飾り、ハエよけにする習慣があるそうです。

栽培場所で使い方を変えて

日向で育ったものは香りが強いので煮込みやティーに。半日陰育ちのものはやわらかいので生食用に向いています。

バジルティーの効能

ストレスからくる胃腸の不調、不眠、冷え性予防、リラックス効果など。

神に捧げられた聖なるハーブはイタリアンの定番

使い勝手が良く、丈夫で栽培しやすいので、人気が高いハーブのひとつです。原産地のインドでは、むかしから神に捧げる聖なる植物とされ、邪気から家庭を守るため、家の前にバジルを植える習慣がありました。インドの伝統医学であるアーユルヴェーダでは、気持ちを落ち着かせたり、炎症を抑えたりする作用があるといわれており、バジルティーは、自律神経を整え、喉や鼻の痛みを和らげます。イタリアではバジリコと呼ばれ、松の実とニンニク、パルミジャーノチーズ、オリーブ油と一緒に攪拌《かくはん》したジェノベーゼソースは、作りおきができるのでおすすめです。

紫色品種は気温が高過ぎると色が不安定になり、鮮やかな紫色が出にくくなります。

香りの成分はリナロールやカンファー。鎮痛や抗菌作用があり、胃腸の調子を整え食欲を増進させるなどの効果があるといわれています。

幸運を呼ぶブッシュバジル

ブッシュバジルには金運を呼び寄せると同時に、恋人の移り気を取り戻す力があるといわれています。効果を信じて、ひと枝を胸ポケットに忍ばせては。

バジルシードで満腹感

バジルの種は食物繊維のグルコマンナンを多く含むため、水に入れると約30倍にふくれます。食物繊維は満腹感をもたらすだけでなく、腸内環境を整えてくれます。その結果、生活習慣病の予防にも。

栽培と収穫

ハーブの中では高温性 収穫は初夏から晩秋まで

植えつけ

4月ごろから苗が出回ります。直径15〜18㎝の鉢に1株の目安で植えつけましょう。種から育てる場合は5月以降に。

摘芯〜収穫

ポットに植えつけた苗は、各茎の先端を切り詰める摘《てき》芯《しん》をします。すると、切った節から脇芽が伸びて茎葉がふえ、草姿もこんもりと形よくまとまります。やわらかな葉を収穫しながら摘芯を繰り返しましょう。

切り戻し

盛夏に草丈を半分ほどに刈る（切り戻し）と、1カ月ほどで株が更新されて新芽が伸び、秋遅くまで収穫できます。花が咲くと葉がかたくなりますが、風味は強くなります。

茎の先端を切り詰めると脇芽が伸びます。

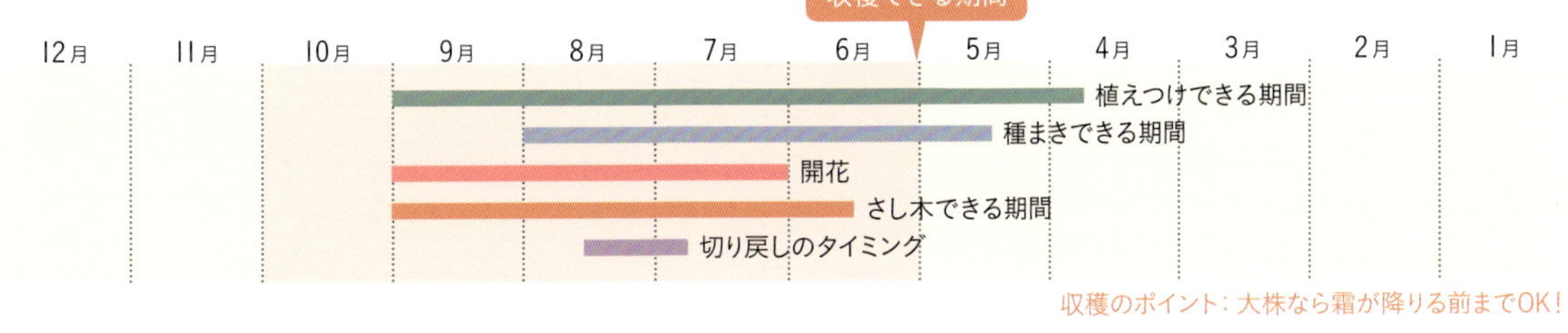

収穫のポイント：大株なら霜が降りる前までOK！

作り立ては格別「ジェノベーゼソース」

スイートバジルの葉2つかみ、松の実大さじ1、ニンニク1片、パルミジャーノチーズ大さじ2、エキストラバージンオリーブ油大さじ4をフードプロセッサーにかけ、ペースト状にし、塩を加えて味を整えます。
＊保存する場合はビンに入れ、表面に2〜3ミリのオリーブ油を張っておきます。冷蔵庫で保存し、早めに食べ切りましょう。

バジルは王様のハーブだった

アレキサンダー大王がインド遠征から持ち帰ったといわれますが、その後ヨーロッパにひろまったのがスイートバジル。ギリシア語の王を意味する「バジリコン」（basilicum）が由来という説などさまざまありますが、「王の薬剤」「ハーブの王様」「王家のハーブ」などと呼ばれています。

イタリア名は「バジリコ」ですが、ジェノベーゼソースは定番料理。イタリア北西部のリグーリア州ジェノバが発祥で、正式には「ペスト・ジェノベーゼ」。スイートバジル、松の実、にんにく、パルミジャーノチーズなどすりつぶし、オリーブ油で伸ばしたものです。

ジェノベーゼ（ジェノバ風）とは、ペスト・ジェノベーゼを絡めたパスタのこと。イタリアではスパゲッティよりも太めのリングイネで食べることが多いようです。

アジアにもあるバジル料理

バジルの品種でホーリーバジル、タイバジルと呼ばれるものがあり、和名はカミメボウキ。インドでは、アーユルヴェーダでは欠かせない薬草で、風邪、頭痛、胃の症状、炎症、心臓病、さまざまの中毒、マラリアに用いられるようです。

タイ料理で人気のあるのが「ガイ・パッ・バイカパオ」。ガイは鶏肉、パッは炒める、バイカパオはホーリーバジルの意味。ご飯に添えて目玉焼きをつけた料理が「ガパオご飯」です。

スイートバジルとは違った独特の風味と苦味があり、広くエスニック料理には欠かせないハーブです。

鶏もも肉のバジルブルーチーズ焼き

鶏もも肉1枚は縦に切り目を入れて開き、真ん中に砕いたブルーチーズ適量をのせる。鶏肉でチーズを巻きアルミホイルの上に並べ、塩・こしょう各少々をふり、温めたグリルで全体に焼き目がつくまで焼き、食べやすい大きさに切り分ける。はちみつ・オリーブ油各大さじ2を合わせてからめ、みじん切りにしたバジルをたっぷりかける。

バジル図鑑

品種が多く、姿型や香りのバラエティが豊富です。

ホーリーバジル

インドでは聖なる植物とされ、人気のバジル。全体に軟毛が密生し、あまり大きくなりません。盛んに枝分かれして草むら状に繁ります。香りはスイートバジルより穏やかで、生葉をサラダにするのがおすすめ。

パープルオスミンバジル

クローブの甘い香りが特徴的。暗紫紅色の葉はビネガーやオイルの材料として使えます。また真夏のガーデニングにも向く、元気のいい品種です。

スイートバジル

バジルの中で最も一般的な品種。少し赤味を帯びた白い花を咲かせます。すっきりした甘い香りが特徴で、ピザやパスタなど、さまざまな料理に使えます。

ブッシュバジル

よく分枝し密生して球状にまとまるバジルです。スイートバジルより耐寒性があります。草丈は20 ～ 30㎝ほどで全体的にコンパクト。鉢植えの縁取りにも最適で、料理の飾りとしても幅広く使えます。

ダークオパールバジル

スイートバジルよりマイルドで甘い香りが特徴。茎葉と花をビネガーに漬けこんだり料理に添えたりします。ビネガーに漬けこむと赤く染まってきれいです。

グリークバジル

四角い茎に小さくて細かい葉をつけます。他のバジルに比べて比較的寒さに強く、密生します。

レモンバジル

生育がとても旺盛で短期間で収穫できます。レモンのさわやかな香りがするので、ソース、魚料理、鶏料理に加えると香りが良く、味もとても引き立ちます。

タイバジル

スイートバジルに比べて香りが強く、葉はアニスやクローブのような香りがします。茎は紫色で、紫色の花を咲かせます。とくにエスニック料理やタイ料理に向いています。

シナモンバジル

「香りを楽しむハーブガーデン」にとても重宝します。シナモンに似た良い香りをお楽しみください。

レッドルビンバジル

全体の暗紫色がダークオパールより安定しているため、花壇の彩りに適します。ワインビネガーに漬けこんで、赤く染めるのもおすすめです。

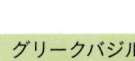

カモミール

和名／カミツレ（加密列）
科名／キク科シカギク属（ジャーマン種）、
キク科カミツレモドキ属（ローマン種）
原産地／インド、ヨーロッパから西アジア

カモミールティー
お湯を注いだら5分ほど蒸らしてから飲みましょう。

不眠症やイライラに甘い香りでリラックス

春になると、ヒナギクに似た白く小さい花をつけ、甘いりんごのような香りを放ちます。体を温めてリラックスさせる作用があるので、濃く煮だして入浴剤としてお風呂に入れてもよいでしょう。ジャーマン種は抗炎症効果が高く、蒸気を吸いこむと、花粉症や鼻づまりの解消に役立ちます。花を牛乳で煮だしたミルクティーは、不眠症や生理痛の緩和にも。花をはちみつ漬けにしたり、りんごなどのくだものと一緒に煮るのも、香りが良くおすすめです。夕方になると花が閉じてしまうので、なるべく朝方に摘みとります。

ティーバッグでアイパック

使い終わったカモミールのティーバッグを目に当てると、疲れ目がやわらぎます。

カモミール風味のケーキ

ケーキを作るとき、濃いめに煮出したカモミールティーを牛乳などに混ぜて使うと、風味が移り香りが良いケーキに。

ローマン種は多年草

多年草のローマン種は開花時期が6～7月。花は香りが強いので、乾燥させてサシェ（匂い袋）にするのに適しています。草丈が低く、這うように伸びるので、ベンチや椅子の座面に植えて香りの椅子を楽しむことも可能。ただし、暑さと蒸れに弱く、夏越しが難しいのが特徴です。

栽培と収穫

こぼれ種でふえる丈夫さ 花弁が反り返ったら収穫

植えつけ

春や秋に苗が出回ります。寒さに強いので秋に植えつけ、春に大株に育てるのがおすすめ。こぼれ種でもふえます。

摘芯～収穫

花の花弁が反り返って、黄色い中心部が盛り上がってきたら収穫適期です。晴れた日の午前中に、茎先の花をすくいとるように摘みましょう。ローマン種は茎葉も利用できます。

切り戻し

多年草のローマン種でも夏の暑さで枯れることがあります。花を収穫したら短く刈り込むと、新芽が伸びてきれいな草姿に戻ります。一年草のジャーマン種は梅雨になったら株元から刈り取りましょう。

咲いた花の花弁が反り返り、黄色い中心部が盛り上がってきたら収穫適期。

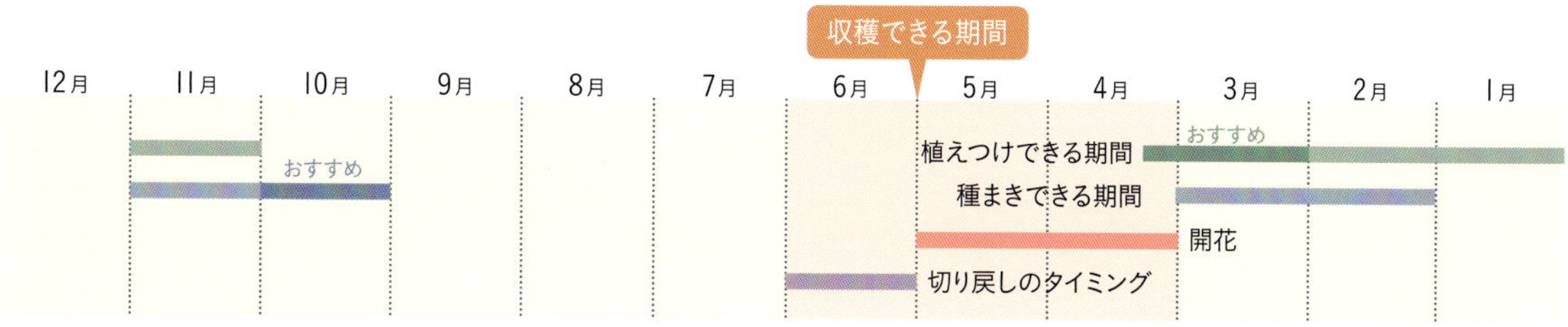

収穫のポイント：気温が上がって病害虫が発生する前に！

ナスタチウム

別名／ノウゼンハレン、インディアンクレス
和名／キンレンカ（金蓮花）
科名／ノウゼンハレン科ノウゼンハレン属
原産地／コロンビア

花をサラダに使う前に

花びらが薄く、すぐにしおれてしまうので、使う直前に収穫すること。あるいは、冷水につけてしゃんとさせておきましょう。

花の美しさはハーブNo.1 葉も実も楽しんで

赤や黄色の明るい花をつけるハーブで、「金蓮花」という名前でも知られています。全体にぴりっとした辛みがあり、葉や花はサンドイッチにしたり、生ハムと合わせたりもします。果実にはわさびのような風味があり、すりおろして使ってもよいでしょう。ビタミンCと鉄分が多く含まれているので、美肌や貧血改善の効果が期待されます。また、髪質を整えるのにも良く、花や葉、茎を煮だしたものをトリートメントとして使うこともできます。育てやすい植物ですが、寒さと多湿に弱いので、日当たりの良い場所を選び、水のやり過ぎに注意しましょう。

マヨネーズに合わせて

わさび風味のポテトサラダ

市販のポテトサラダに種のすりおろしを混ぜるだけで、定番が違ったお惣菜に変身。好みでしょう油をかけると、より和風テイストに。自家製ポテトサラダでは、種の香りがとばないよう、サラダの粗熱をとってから加えましょう。ピリッとまろやかな風味を、ぜひお試しください!

種の酢漬けを作っておきましょう

種は青いうちに収穫し、ピクルス液に漬け込みます。ケイパーの代わりにサーモンに合わせたり、ドレッシングに入れたりして使いましょう。

栽培と収穫
高温多湿が苦手 切り戻して涼しく夏越し

植えつけ

3月には花つき苗が出回るので、4月中旬までに植えつけましょう。花がらをこまめに摘むと、次々に花が楽しめます。種から育てる場合は、1～3月に種まきをし、室内で管理しましょう。

摘芯～収穫

本葉が4～5枚になったら、茎の先端の節で切り詰め（摘芯）ます。脇芽が伸びて株のボリュームが出て花も増えます。5月からは伸びた茎葉や花を収穫することで、新芽が出ます。

切り戻し

高温多湿に弱いので、夏は生育が鈍り、枯れることも良くあります。夏の強い直射日光を避け、木漏れ日が当たるような風通しが良く涼しい場所で乾かし気味に育てましょう。切り戻して株を休ませると、秋にまた開花します。

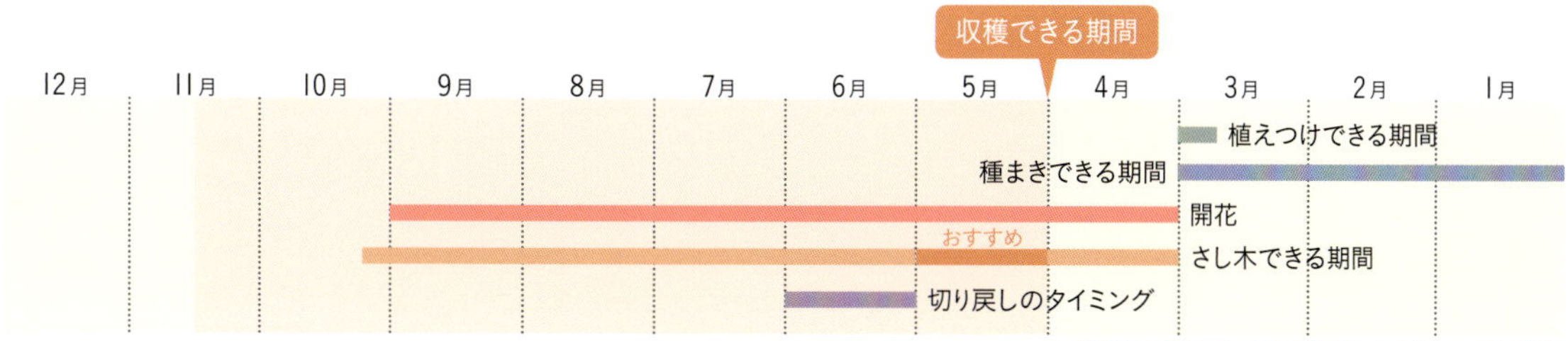

収穫のポイント：花や葉があればいつでもOK!
11月 霜が降りる前に室内に取り込めば冬越しできる

株が小さいうちは葉を摘みすぎないようにしましょう。

コリアンダー（パクチー）

別名　シャンツァイ（香草）、コエンドロ
科名　セリ科コエンドロ属
原産地　地中海地方

エスニック肉みそ

葉や茎をみじん切りにし、ひき肉とニンニク、ショウガなどと合わせて肉みそにしておくと、保存もきき、あたたかいご飯にかけるだけでおいしくいただけます。

茎や根の使い方

茎は葉先に比べると香りが強いので、細かく刻んで使いましょう。根にも強い香りがあり、スープをとったり、つぶしたり刻んだものを炒めものやカレーのトッピングにすることも。

独特の香りがクセになるエスニックハーブ

「パクチー」という名前でおなじみのハーブ。独特の強い香りを持ち、タイ料理やベトナム料理に欠かせません。葉は柔らかく、サラダやおひたしとしていただけるほか、素麺や刺身、スープ、焼きそばなどのスパイスにすると、エスニックな香りが引き立ちます。アボカドとトマト、たまねぎなどにコリアンダーを混ぜてつくるメキシコ料理の定番「ワカモレ」もおすすめ。種は、葉をまろやかにしたような味で、ほんのり甘い香りがします。ガラムマサラやカレー粉にも使われ、ピクルス液に数粒入れると風味が良くなります。

種について

コリアンダーシードはカレーに欠かせないスパイスの一つ。オレンジに似たさわやかな香りがあり、デザート作りにも使われます。

白和えの衣にコリアンダーを加えて

絹ごし豆腐にすりごま、塩、ごま油を加え、すり鉢ですり合わせて良く混ぜたら、刻んだコリアンダー、干しえび、ナッツなどを入れます。このままでもおいしくいただけますが、ゆでた春菊などを和えるとさらにおいしさがアップします。

フォー

材料（2人分）

- 牛薄切り肉…150g
- コリアンダー…1/2束
- 青ねぎ…1/2本
- もやし…100g
- 赤トウガラシ・青トウガラシ…各1本
- フォー…150g
- A ナンプラー…大さじ2
- A 鶏ガラスープの素(顆粒)…小さじ1
- A 塩…小さじ1/2
- A コショウ…適量
- ライム…適量

作り方

1. 牛肉は赤みが残る程度に熱湯でさっとゆでて冷水にとり、冷めたら水けをきって食べやすい大きさに切る。もやしはさっとゆでる。赤トウガラシと青トウガラシは種を取り除いて輪切りにする。青ねぎは斜め切り、コリアンダーはざく切りにする。
2. 鍋に湯3カップをわかし、Aで調味する。
3. フォーは袋の表示を目安にゆで、ざるに上げて水気を切る。器にフォーを入れて2を注ぎ入れ、1を盛りつける。好みでライムをしぼる。

栽培と収穫 夏越しがポイント 蒸し暑さと乾燥にご用心

植えつけ

春や秋に苗が出回ります。寒さに強いので秋に植えつけ、春に大株に育てるのがおすすめ。こぼれ種でもふえます。種から育てる場合は、3～5月（春まき）、9～10月（秋まき）に種まきを。春まきではやわらかい葉がたくさん収穫でき、秋まきなら病害虫の被害が少なくてすみます。

収穫

草丈20cmほどになったら外側の葉から収穫します。トウが立つと茎葉がかたくなるので早めに摘み取り、花や種を収穫するときは葉の収穫を控えましょう。

夏越し

水を好むので、とくに夏は水切れさせないように。蒸し暑さで生育が衰えたら、9月に新苗を植えるのが良いでしょう。

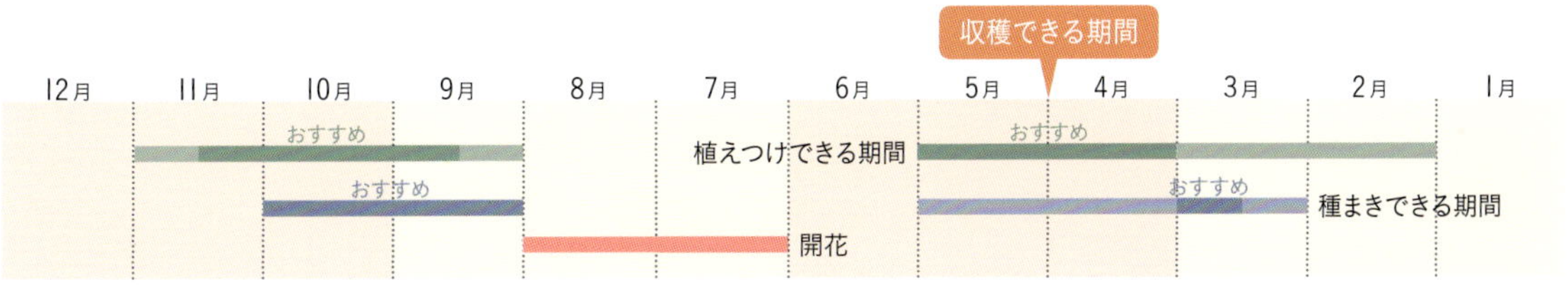

栽培のポイント：寒さに強いので霜よけくらいで冬越しできる

シソ（紫蘇）

別名／イヌエ、アオジソ、アカシソ
和名／オオバ（大葉）
科名／シソ科シソ属
原産地／中国南部、ヒマラヤ、日本

箸休めにぴったり

トマトのシソ煮びたし

ミニトマト15個は湯むきする。水100mℓを煮立たせ、酢小さじ1/2と昆布茶小さじ2を入れ、すぐに火を止める。そこへトマトを入れ、粗熱がとれたら冷蔵庫で冷やす。食べるときに千切りにした青ジソ適量をのせる。

保存方法

シソの葉は軸をうえにして空き瓶に入れ、大さじ1程度の水を入れます。ふたをしっかりと閉めたら逆さにし、冷蔵庫で保管します。茎が水にふれていることがポイント。

さわやかな香りに食欲増進効果が

薬味として、むかしから日本で使われてきた和ハーブです。独特のさわやかな香りに含まれる成分ペリルアルデヒドには抗酸化作用と防腐効果があり、生ものに合わせて使われます。抗アレルギー作用もあるため、アトピー性皮膚炎に効果があることが確認されています。薬効がより高いとされている赤シソは、梅干しの着色に使われますが、煮だして作る赤シソジュースは、夏の食欲不振を改善してくれます。日本の風土に合っているのでとても育てやすく、あっという間にふえるので、保存のきく使い方を試しましょう。

ポリフェノールたっぷりの赤シソジュース

よく洗った赤シソの葉を30分くらいかけてゆっくり煮だし、葉を取り除いたら、砂糖とレモン汁（あるいは米酢）をそれぞれ水の2割程度加えます。ビンなどに入れて冷蔵庫で保存。ソーダや水で割ってお召し上がりください。（同様の作り方で青ジソジュースも作れます）

シソの実漬け

穂から実を外し、たっぷりの水に一晩つけてアクを抜きます。できれば途中で何度か水を替えましょう。水気をしぼり、実の重量の約10%の塩とよく混ぜ合わせます。長期保存の場合、塩の分量をふやしましょう。

和風ドレッシングに

青ジソはきざんで酢とオイルとともによく混ぜ、ドレッシングに。バジルの代用としてジェノベーゼソースにしても。

栄養と効能

ビタミンA（カロテン）、B2、カルシウム、マンガンを含み、葉もの野菜の中でも高い栄養価を誇ります。香り成分にはアンチエイジング効果も。

赤シソ

栽培と収穫

摘芯と切り戻しで葉の数をいっぱいに

植えつけ

節の間が詰まった葉の大きな苗を選びます。苗は早くから出回りますが、気温が安定する5月までは室内で育て、本葉4～6枚になったら大きめの鉢に植えましょう。種から育てる場合、種まきは4月下旬から。室内で発芽させ、5月になったら戸外へ。

摘芯～収穫

草丈が20㎝ほどになったら、茎の先端の芽を摘み取ります（摘芯）。摘んだ位置から脇芽が出てこんもりした株に育ち、葉数がふえてきたら収穫します。

夏越し

暑くなるとハダニの被害が出やすく、葉も小さくなるので、その前に大株に育てましょう。乾燥させると下葉が落ちるため、水切れにも気をつけます。

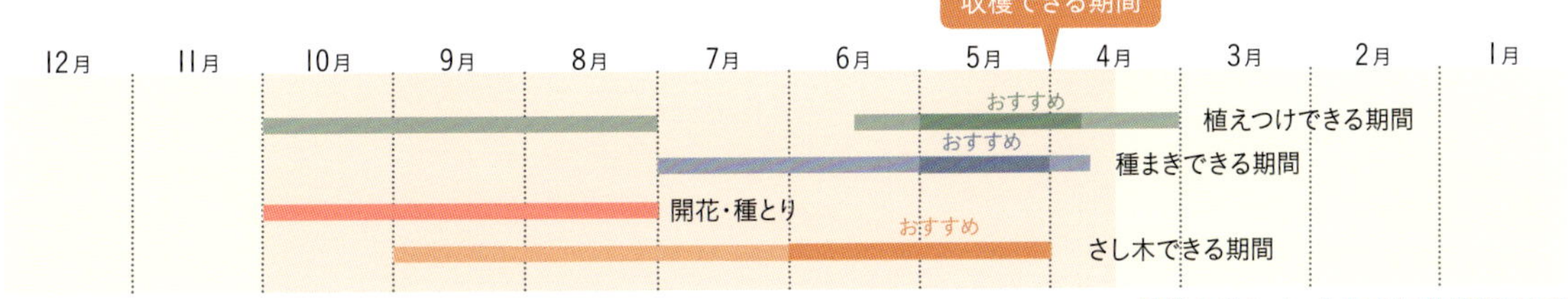

収穫のポイント：大株は茎ごと収穫できる

パセリ（カーリーパセリ）

別名／パースリー
和名／オラダンゼリ（和蘭芹）
科名／セリ科オランダゼリ属
原産地／地中海沿岸

にんじんのパセリ和え

にんじん1本は薄い乱切りにし、やわらかくなるまでレンジで加熱する。バター30gとメープルシロップまたははちみつ小さじ1をレンジで加熱して溶かす。にんじんとシロップをからめ、みじん切りにしたパセリをたっぷりと散らす。

虫さされにも

パセリの葉をすりつぶし、虫に刺されたところに塗ると、かゆみが収まるといわれています。

どんどん食べたい栄養満点なおなじみハーブ

ビタミンAのカロテン、ビタミンC、カルシウム、鉄分など栄養が豊富で、月経促進、美肌などに効果があるといわれています。強い殺菌作用があり、お弁当に入れておくと雑菌増殖の抑制に。葉が縮まったカーリーパセリは、青くさい香りとほのかな苦みが特徴。おひたしや素揚げでもおいしくいただけます。低温のオーブンでじっくり焼いて乾燥させておくと保存がきき、スープのトッピングなどにも。

イタリアン種のパセリは平たい葉で柔らかく、香りも味もマイルドなので生食に向いています。

ひと手間で風味アップ

タルタルソースに

ゆで卵、刻んだたまねぎとピクルス、マヨネーズを合わせて作るタルタルソースに刻んだパセリを加えると、ほのかな苦みがアクセントになって風味がアップします。

イタリアンパセリ

平葉のパセリ。カーリータイプよりも苦味がマイルド。

ドライパセリの作り方

❶よく洗ったパセリの水気を切り、葉先を摘んで細かく切り、クッキングシートに平らに並べます。❷600Wのレンジで6分加熱。様子を見ながら少しずつ加熱をくり返し、パラパラになるまで乾燥させましょう。粉末にする場合はザルに入れてこしましょう。❸冷めたらビンに入れて保存を。

栽培と収穫

こまめに摘み取り葉の数いっぱいに

植えつけ

細根の少ない直根性で移植を嫌うため、苗の根鉢はできるだけ崩さないで植えつけます。夏越しが難しいので、春早くや秋に苗を植えつけましょう。

根鉢を崩さず植えつけましょう。

収穫～植え替え

小苗でも収穫できますが、葉数が増えてから収穫したほうが長く楽しめます。外葉の根元をはがすように摘み取り、葉の縮れがなくなって株がやせてきたら、苗を植え替えます。

夏越し～摘芯

初夏にトウが立ったら早めに摘み取り（摘芯）ましょう。夏の高温と強光が苦手なので、半日陰に移して乾燥させないように気をつけます。

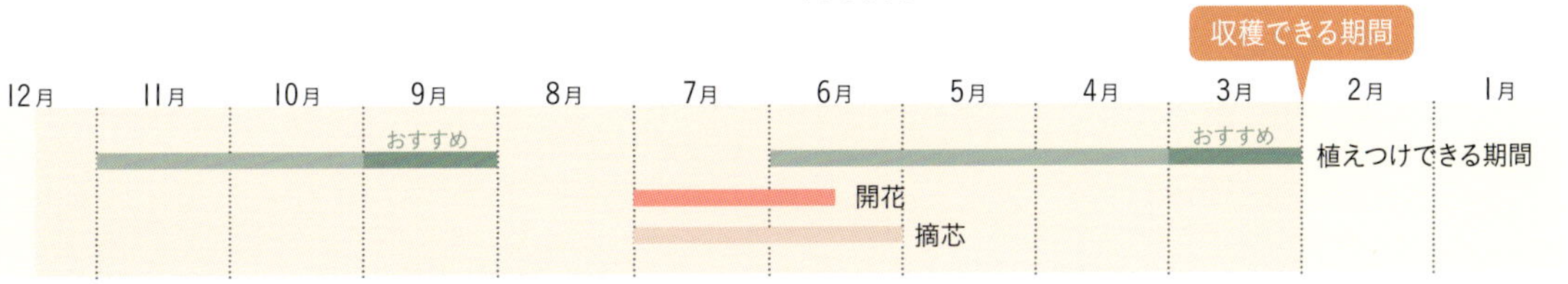

移植を嫌うので種は直まき

ルッコラ

別名／ロケット、エルーカ、キバナスズシロ
科名／アブラナ科キバナスズシロ属
原産地／地中海沿岸～アジア西部

ピッツァのトッピングに

焼き上がったピザにトッピング。葉がかためでも余熱でえぐみや辛さがやわらぎます。

エディブルフラワー

クリーム色の花も食べられます。サラダに入れればアクセントに。

独特の辛みとゴマの香りで料理にアクセントを

ロケットという別名で知られる、イタリア料理では定番のハーブです。カルシウムやビタミンC、鉄分が豊富で、独特のぴりっとした辛みは、わさびや大根にも含まれる成分アリルイソチオシアネート。殺菌や新陳代謝をあげる効果が期待されています。ゴマの香りがある葉は、ピッツァやパスタにのせたり、いちじくや柿などと和えてフルーツサラダにしても。ちいさな白い花には、葉と同じ風味があり、サラダのほか、天ぷらやおひたしなどで楽しむこともできます。花が咲くと葉がかたくなるので、葉だけを食べたい場合は、花茎ごと摘み取りましょう。

辛み成分の効能

辛み成分のアリルイソチオシアネートは、ダイコン、カブ、小松菜などのアブラナ科野菜に多く含まれ、抗酸化作用があるので体のサビ取り効果が期待できます。また、免疫機能を高めてがんの発生を抑える効果も。

セルバチカ

ワイルドルッコラとも呼ばれる野生種。香りも辛味も強いので、他の食材とうまく組み合わせて使いましょう。

濃厚な風味と好相性

チーズ、ベーコン、アンチョビ、レバーなど、風味が強いものと組み合わせると、引き立て合ってよりおいしくいただけます。

栽培と収穫

種をまいて収穫までたった1カ月で

植えつけ 種をばらまいて薄く土をかぶせ、発芽まで乾かさないように霧吹きで水やりします。葉が重なった若苗は間引いて収穫。生長が早いので1カ月で食べられます。

収穫 株の中心に2～3枚の葉を残して外側の葉を摘み取ります。5月中旬になると害虫が発生しやすいので、上旬までに収穫しましょう。

育てる環境 半日陰で育った葉はやわらかくて食べやすいです。初夏に花が咲くと葉はかたくなりますが、こぼれ種からも発芽するので、花を咲かせるのもよいでしょう。

外側の葉を摘んで収穫するか、株ごと抜いて収穫します。

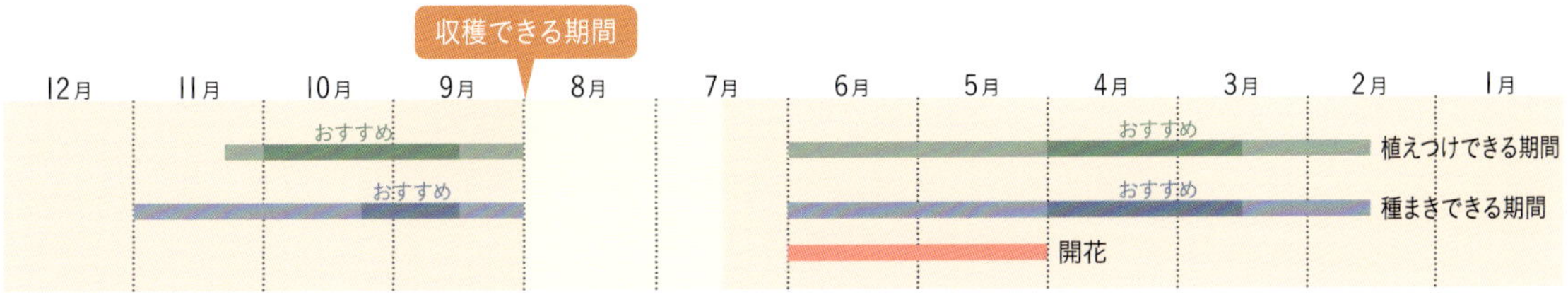

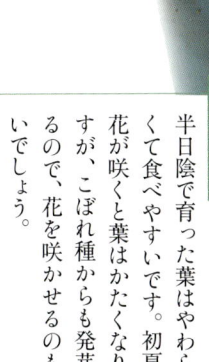

トウガラシ（唐辛子）

別名／チリ・カイエンペパー
科名／ナス科トウガラシ属
原産地／南アメリカ

お休み前の足湯

たらいいっぱいのお湯に、数本の実と塩をひとつまみ入れれば、からだの芯から温まり、ぐっすり寝られます。

保存方法

青トウガラシは洗って冷凍保存すれば、好きなときに使えます。赤トウガラシは乾燥茎ごと逆さにつるし、十分乾燥させたら、びんなどに入れて保存を。

葉トウガラシも利用しましょう

トウガラシの葉は栄養価が高く、ほのかな辛みもあるので炒めものや佃煮にしておいしくいただきましょう。

辛み成分にからだを温める効能たっぷり

トウガラシはピーマン、パプリカ、ししとうなどとともにトウガラシ属に分類されます。そのなかで辛みのあるものが「トウガラシ」あるいは「チリ」と呼ばれています。辛み成分カプサイシンには脂肪分解の促進や消化不良の改善のほか、発汗を促し、からだを温める効果があることが広く知られています。辛み成分は種がついている胎座部分に特に多く、緑色の状態で収穫したもののほうが、辛味が強いのが特徴です。葉は若くて青い実とともに佃煮にして食べることができます。焼酎で漬けたチンキを水で薄めて植物に散布すると、害虫予防に。

メキシコのうまみ調味料チポトレ

完熟したハラペーニョ（激辛トウガラシ）を乾燥させ、燻製にしたものがチポトレと呼ばれる調味料。うまみがとても強く、煮込み料理に加えると味に深みが出ます。チポトレを酢やトウガラシベースのソースにつけ込んだものもメキシコ料理ではよく使われます。

少量でもほかの食材に合わせましょう

青トウガラシにはビタミンA、Cが含まれています。一度に食べる量はあまり多くありませんが、少量でもほかの食材と組み合わせることで、互いの栄養成分との相乗効果が期待できます。

青トウガラシ酢

青トウガラシを細かく刻み、塩とともに米酢に漬け込むだけ。酢の種類を変えたり、砂糖をくわえたりとアレンジしても良いでしょう。いためものに加えたり、タバスコのように使っても。（青トウガラシを刻むときは必ず手袋を着用し、目や鼻などを触らないようにするなど、十分に注意を払って行いましょう。）

栽培と収穫

毎年違う場所で肥料たっぷりに育てよう

植えつけ

暑さには強いですが寒さに弱いので、植えつけ時期には要注意。夏までに大株に育てると長く収穫できます。同じ場所や用土で毎年続けて栽培（連作）しないようにしましょう。

日ごろの管理

根が浅いので水切れさせないように気をつけます。肥料切れもさせないように、草丈20cmほどになったら追肥します。

芽かき〜収穫

一番花（一番最初に咲く花）のつぼみが出てくる頃に葉のつけ根から出てくる脇芽を一番上の2つだけ残し、下の方の脇芽は全部摘み取ります。こうして株を充実させます。実は10月半ばにほぼ赤くなりますが、青い実のままでも利用できます。

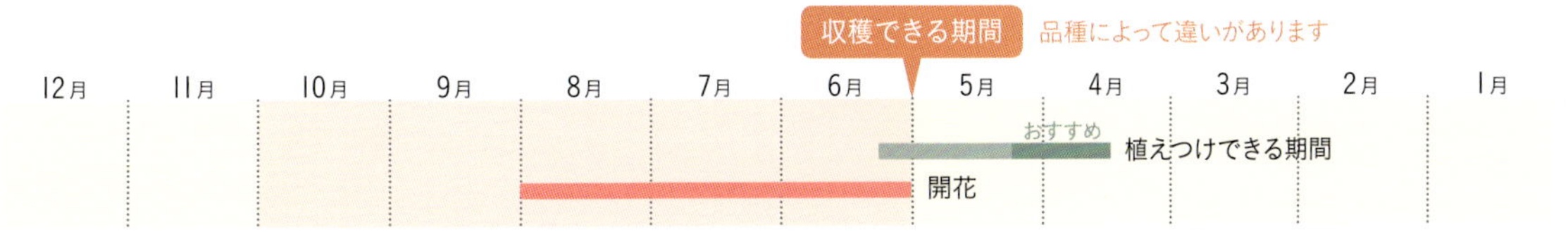

スパイスってどんな植物？

スパイスとハーブを正確に区別することはできません。スパイスは香りの強い実、葉、根などを乾燥させ、調味料として使われます。欧州の肉料理に欠かせなかったコショウは、遠くアジアから運ばれ、中世ヨーロッパでは金と同じ価格がついたともいわれています。スパイスの多くが熱帯性の植物です。

南西アジアの品種は、寒さに弱いものが多いのですが、日本の気候でも育てることができるスパイスが、いくつかあります。

トウガラシ図鑑

育てやすく、日本でも苗が入手しやすい品種がたくさんあります。

ハバネロ

（メキシコ）
世界でもトップクラスの辛さを持つ品種。辛味のなかにも柑橘系の香りがあります。

アヒ・リモ

（ペルー）
ペルー原産の小型品種。現地では、そのまま生で食べることも。

韓国トウガラシ

（韓国）
辛味が強く、キムチやチゲに使われます。

伏見辛

（日本・京都）
京都特産の古い品種。ほどよい辛さで、漬物や料理に幅広く使われてきました。

島トウガラシ

（日本・沖縄）
沖縄で育てられている小型の品種。辛味が強く、風味も豊かで、コーレーグースー（島トウガラシの泡盛漬け）の原料に。

プリッキーヌ

（タイ）
タイ料理に使われる小型の品種。辛みが強く、トムヤムクンにも使われます。

トウガラシ

（日本、八房系）
日本では鷹の爪とよばれる品種。辛みが強いです。

ベトナムオレンジ

（ベトナム）
ベトナムの品種。見た目によらず強い辛味があります。

スパイス図鑑

苗木や種はどれもホームセンターなどで手に入ります。

ベイリーフ（月桂樹・ローリエ）

洋食では定番のスパイスですが、地植えにすると10m以上に育つ高木です。鉢植えでも葉を収穫しながら育てることができる便利な植物。

栽培

❶苗木を準備し、ふた回り以上の安定した植木鉢を準備します。
❷苗木はポットから出して根を確認し、根が伸び過ぎていたり、茶色くなっていたら、軽くほぐしてカットします。
❸肥沃な土壌を好むので、春と秋には追肥を与えましょう。
❹ハーブとして使う葉は、若葉よりしっかりした緑の方が香りが強いです。枝は刈り込んで、コンパクトな樹形に育てましょう。

ターメリック（ウコン）

ショウガの仲間で、昔は黄色の染料として使われました。たくあんやカレーの黄色もウコンの色です。いくつか品種がありますが「秋ウコン」は、胆のうや肝臓の機能を高めるクルクミンが豊富で、栽培もしやすい品種です。

栽培

❶深めの大型コンテナを準備。種ウコンは、大きければ切り分けておきます。
❷5月に、芽を上に向けて10 ～ 15cm間隔で植えつけます。
❸2カ月おきに、株元に化成肥料ひとつまみを追肥として施します。
❹秋に葉先が枯れてきたら収穫。食用に保存する場合は乾燥させ、翌年植えつける場合は、おがくずや新聞紙に包んで、乾燥しない場所に保管します。

ゴマ

アフリカ原産で、古代から健康食材とされ、薬用には黒ゴマが使われてきました。大きめのコンテナで育てることが出来ますが、熟した実が順に弾けるので、収穫のタイミングがポイントです。

栽培

❶4月下旬～5月、10ｃｍほどの株間をとって、種をまきます。
❷5月中旬～6月、草丈が5～10ｃｍになったら、1カ所に2株ずつになるように間引きます。
❸7月～8月には小さな花が咲き、その後に結実します。
❹さやが黄色くなって下葉が枯れてきたら収穫時期。株ごと切ってさやを叩くと、実が飛び出します。

チャービル

別名／セルフィーユ、ガーデンチャービル
和名／ウイキョウゼリ（茴香芹）
科名／セリ科シャク属
原産地／ヨーロッパ中部～アジア西部

オープンサンドにのせて食べると、さわやかな風味が口の中に広がります。

フランスではなくてはならないハーブ

チャービル、パセリ、チャイブ、タラゴンなどを細かく刻んでミックスしたものをフランスではフィーヌゼルブと呼び、さまざまな料理を引き立てます。

優雅な見た目とさわやか風味で使いやすいハーブ

フランス語で「セルフィーユ」と呼ばれる、くだもののようなさわやかな香りのハーブ。カロテン、ビタミンC、鉄、マグネシウムなどが含まれ、解熱や血行促進などの効果があるといわれています。肉や魚料理の香りづけやソース、オムレツのフィリング、たまねぎや生クリームと合わせてスープにするなど、どんな料理とも相性が良く、他の生野菜と和えてサラダとしてもおいしくいただけます。レースのような美しい花もサラダやスープのトッピングとして楽しめますが、トウが立つと葉がかたくなるので、注意しましょう。

根の利用

根の部分は焼くと芋のようにほくほく。自家栽培ならではの楽しみ方です。

チャービルティーで美肌に

チャービルティーをローション代わりにすると、肌の汚れをすっきりと取り去ります。張りを取りもどすのでしわ防止にも。ティーは入浴剤として使っても。

デトックス作用が

血液の流れを促進する働きがあり、発汗や消化促進効果があります。デトックス（浄化）作用があるハーブとしても知られています。

栽培と収穫

直まき&間引き収穫 トウを摘んで長く楽しめる

種まき

種をまいて1～2カ月で収穫できます。移植を嫌うので、鉢に直まきするのがおすすめです。種は発芽率が悪いので多めにまき、苗の葉が触れ合うようになったら間引きます。春先と秋口に苗も出回ります。

育てる環境

湿り気のある肥沃な用土を好みます。夏の強い日差しで香りが強まりますが、葉色が濃くかたくなるため、半日陰くらいの場所で育てましょう。

収穫

株の中心から新葉を繰り出すので、外葉を根元から切り取って収穫します。初夏に花が咲いて種を結ぶと株は枯れるため、トウが立ったら切り取ります。

トウを切り取る。

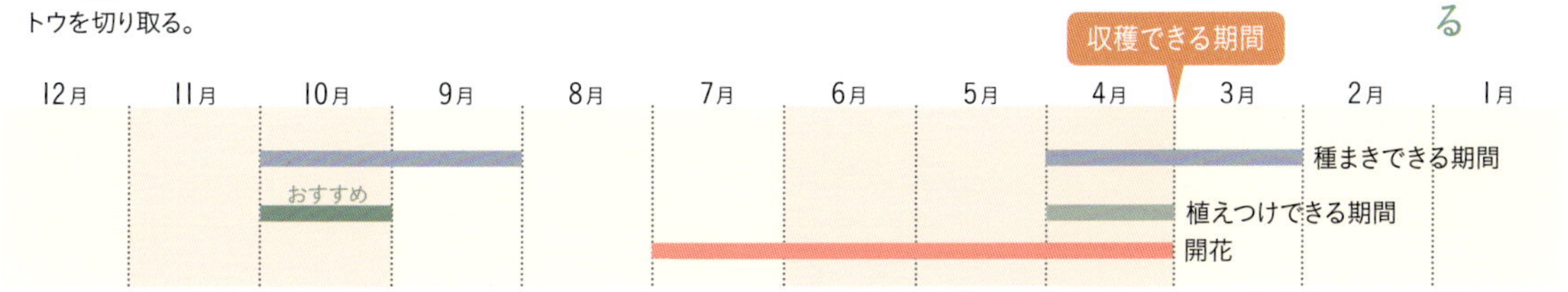

ベビーリーフ

チーズはハード系やブルーチーズがおすすめ

ベビーリーフのりんごサラダ🍴

材料（2 人分）

青りんご…1/4 個
ベビーリーフ…1 カップ
くるみ…5g
塩…少々
クランベリー（乾燥）…5g
赤ワイン…少々
好みのチーズ…適量
好みのドレッシング
（p42～44 参照）…適量

作り方

1 青りんごは芯を取り、2～3㎜厚さの薄切りにし、塩水にさらす。
2 ベビーリーフは水でよく洗う。くるみは粗く砕く。クランベリーはワインをふって軽くもみ、薄切りにする。
3 チーズは粗くおろし、その他の材料をすべて混ぜ合わせ、好みのドレッシングをかける。

育てやすく栄養価も高いサラダリーフ

ベビーリーフとは、ハーブや葉ものの野菜の幼葉をさします。いろいろな品種の葉ものの種を混ぜてまけば、オリジナルのベビーリーフミックスを楽しむことができます。一般的に、発芽してから日が浅い幼葉は、生長した葉に比べて栄養分が凝縮されているため、栄養価が高いのが特徴です。ちぎらないので栄養の損失がなく、やわらかいのでたくさん食べることもできます。リーフレタス、レッドオークレタスをはじめ、ルッコラ、マスタードリーフ、コマツナ、ケール、ビーツ、高菜などがよく使われています。

どんな葉が向いているの？

グリーンオークレタス、レッドオークレタス、ロメインレタス、チコリ、サラダ菜、ルッコラ、水菜、カラシナ、高菜、ミブナ、コマツナ、ターサイ、エンダイブ、ケール、ホウレンソウ、ビート、チンゲンサイ、コーンレタス、トレビス、バジル、チャービル、パセリなど、好みのハーブや葉もの野菜を選び、種をブレンドしてオリジナルのベビーリーフミックスを作ってみましょう。イタリアン、フレンチ、オリエンタルとテーマを決めて組み合わせても。

ベビーリーフの保存方法

大きなボウルに水を張り、そこにベビーリーフをあけます。充分に水を吸わせたら、よく水を切ります。キッチンペーパーに包んでからジッパーつきの保存袋に入れ、冷蔵庫の野菜室へ。

栽培と収穫

種まきから3週間 春から秋まで収穫できる

種まき

コンテナに直まきしたら、種が隠れるくらいに土をかぶせて、発芽するまで土が乾かないように水やりしましょう。

間引き〜収穫

隣りの葉と重なるようになったら間引いて、間引いた幼苗も利用できます。葉が4〜5cmになったら、中心の小さい葉を残して外側の葉からハサミで切って収穫しましょう。

育てる環境〜肥料

日当たりの良い場所で育て、本葉が出てきたら2週間に1回くらい液肥か緩効性肥料を与えます。

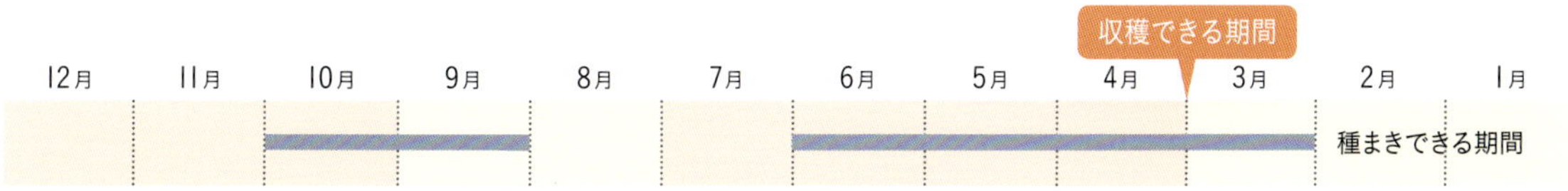

香味野菜とは？

肉や魚などの臭みを消し、その香りで味をふくよかに引き立てるものを香味野菜と呼びます。もちろんハーブ類も含まれます。逆にセロリやネギ類など香りある野菜も、さまざまな効能をもっているので、ハーブと考えられます。料理に添える薬味として使えるものは、コンテナなどで育てておくと重宝するので、育てやすいものを紹介しましょう。

ネギ類図鑑

効能が高いネギの仲間を育ててみましょう。

ワケギ（分葱）栽培

ワケギは、大きく分けるとたまねぎとネギの間に生まれた雑種で、姿はネギのようですが根元の球根（鱗茎）でふえます。西日本（暖かい地域）で多く栽培されてきました。

栽培

❶8月～10月、球根は2～3球に分け、薄皮をとってから、球根の先端が土からのぞく位置に植えつけます。

❷葉が10cmくらいに生長したら、肥料を週1回程度、適量施しましょう。

❸葉が20cm ～ 30cmに伸びたら、株元から4 ～ 5cmの位置で葉を刈り取り収穫。地面ぎりぎりで刈り取ってしまうと、次に出てくる葉の伸びが悪くなるので注意しましょう。再び葉が伸びたら刈り取って2度目の収穫ができます。

❹次のシーズンも楽しみたい場合は、種球根を保存しましょう。葉を生長させると、5月ごろに種球根が太り、やがて葉が倒れ休眠します。抜いた株は土を落とし、風通しの良い日陰でよく乾かします。

ニンニク（大蒜）

中央アジア原産で、冷涼な気候を好み、暑さはやや苦手です。特有のにおいはアリシンと呼ばれ、殺菌・抗菌作用があるといわれています。疲労回復に役立つとされるスタミナ野菜です。

栽培

❶野菜として市販されているものは冷蔵保存し「発芽抑制」されているものなので、種球根にはふさわしくありません。中間地、暖地で育つ園芸種の種球根かポット苗を準備します。

❷9月下旬〜10月下旬､深めのコンテナを準備し､野菜用の培養土に2〜3割の完熟堆肥を混ぜ合わせます。

❸種球根は房をほぐし、ひとつひとつの燐片に分けます。芽を上にして5cmほどの深さに植えつけます。

❹5月下旬〜 6月下旬、根元を持って引き抜き、収穫。重ならないように広げて乾かし、その後は風通しの良い明るい日陰に吊るして保管しましょう。

ニラ（韮）

中国でも日本でも、古くから栽培されてきた野菜。暑さ、寒さにも強く、一度発芽すれば、年間に何度も収穫できます。

栽培

❶コンテナに野菜用の培養土を入れて準備します。3月、5cmほどの間隔で1cmほどの穴をあけ、その中に3〜4粒の種を入れます。土をかけ、たっぷり水をやって、暖かい場所で管理します。

❷夏には10cmほどに生長するので、化成肥料ひとつまみを、株元に。

❸その後、20cmほどになったら、一旦刈ってしまいます。ひと月ほどで芽が伸びてくるので、それ以降、好みの長さで収穫しましょう。収穫後は、追肥を忘れずに。

その他

ミョウガ（茗荷）

ショウガの仲間で、一度植えつければ3〜4年は手間なく収穫できる、便利な香味野菜です。

栽培

❶種苗（春に園芸店で流通）と深さ30cm以上の深めのコンテナを準備。コンテナに培養土を入れます。

❷深さ7〜8cmの穴をあけ、種苗を植えつけます。芽の部分が上を向くように注意して。乾燥に弱いので、たっぷりと水を与えます。

❸新芽が地上に出たら、腐葉土や堆肥を株にのせて、乾燥しないようにしましょう。

❹1年間は収穫せずに、葉を茂らせ、株を充実させると、2年目からは多くの収穫が楽しめます。

ハーブでおいしいレシピ

イワシのポテサラロールソテーハーブ添え

材料（2人分）

イワシ…4尾
塩…小さじ1/2
コショウ…少々
ポテトサラダ…100g
サラダ油…適量
つけ合わせ用ハーブ
（好みのもの）…適量

作り方

1 イワシは内臓を除いて手開きにし、両面に塩、コショウをする。
2 1にポテトサラダをのせて巻き、爪楊枝で止める。
3 フライパンにサラダ油を熱し、2を転がしながら焼く。全体に焼き色がついたら、ふたをして弱火で3～5分蒸し焼きにする。
4 爪楊枝を取って皿に盛り、好みの付け合わせハーブを添える。

トウガラシのきのこマリネ

材料（2人分）

しいたけ…1パック
しめじ…1パック
まいたけ…1パック
マッシュルーム…2パック
A 白ワインビネガー…100mℓ
塩…小さじ1/2
にんにく…1片
水…200mℓ
粒マスタード…小さじ1
ローリエ…2枚
赤トウガラシ…2本
オリーブ油…100mℓ

作り方

1 きのこはいしづきや軸を取り、しいたけは四つ切り、しめじ、まいたけは小房に分け、マッシュルームは縦半分に切る。
2 鍋にAを煮立てて1を入れ、きのこが浮かないように落としぶたをして4～5分煮る。
3 熱湯消毒したびんに2を汁ごと8分目まで入れ、ローリエと赤トウガラシをのせ、オリーブ油をびんの口2～3cm下まで注ぐ。ふたをして1～2時間漬ける。冷蔵庫で1ヵ月保存可。

ワカサギハーブマリネ南蛮

材料（作りやすい分量）

ワカサギ…15尾
塩…少々
たまねぎ…1/4個
パプリカ…1/3個
レモン…1/2個
赤トウガラシ…1本
A しょう油…大さじ2
　みりん・酢…各大さじ1
ハーブ（タイム・ディルなど）…適量
小麦粉・揚げ油…各適量

作り方

1 ワカサギは塩をふって水気をふく。たまねぎとパプリカは薄切りに、レモンは半分に切って薄切りにする。赤トウガラシは小口切りにする。
2 Aを合わせ、1の野菜、レモン、ハーブを入れる。
3 1のワカサギに小麦粉をまぶし、180℃の揚げ油で揚げ、熱いうちに2に10分ほど漬ける。

さやいんげんのパセリチーズオムレツ

材料（2人分）

さやいんげん…6本
卵…4個
A ブルーチーズ…30g
　牛乳・生クリーム
　　…各大さじ2
サラダ油…少々
パセリ…適量

作り方

1 さやいんげんはかためにゆでて、3～4cm長さに切る。ブルーチーズはさいの目に切る。
2 卵を溶きほぐし、Aと1を加え、よく混ぜる。
3 フライパンにサラダ油を熱し、2を流し入れて中火で焼く。焼き色がついたら半分に折り、3等分に切り分けて重ね、刻んだパセリを散らす。

オクラと白身魚のミントサラダ

材料（2人分）

オクラ…8本
白身魚の刺身…100g
A ミント（刻んだもの）
　　…大さじ1
　おろしニンニク
　　…1片分
　レモン汁…大さじ1
　オリーブ油…大さじ2
　塩…小さじ1/3

作り方

1 オクラはヘタと先を落とし、ガクの周りをむく。塩もみをしてさっとゆで、粗熱をとる。
2 1のうち4本は幅5mmの斜め切りにし、残りは細かく刻み、Aと混ぜ合わせてソースを作る。
3 斜め切りにしたオクラを皿に並べ、刺身をのせ、上から2のソースをかける。

オレガノと甘ダイのリゾット

材料（作りやすい分量）

枝豆…100g（豆のみ）
甘ダイ…1切れ
米…1カップ
A 湯…600mℓ
　固形スープの素…2個
オレガノ…少々
ニンニクのみじん切り…1片分
塩・コショウ…各少々
粉チーズ…少々
オリーブ油…適量

作り方

1 枝豆はゆでて、さやから豆を出す。Aを合わせてスープを作る。
2 フライパンにオリーブ油を熱し、ニンニクを入れて炒める。軽く色づいたら米を入れ、中火で炒める。
3 米が熱くなったら、1の熱いスープをひたるぐらいの量を加えて混ぜる。スープが減ったら足し、スープの量を保ちながら煮て、米をほどよいかたさにする。塩、コショウで調味をし、枝豆を加える。
4 甘ダイはオリーブ油で両面をこんがり焼き、塩、コショウで調味する。皿に盛った3の上にのせ、オレガノの葉をのせる。

コリアンダーとカリフラワーのスパイシーサラダ

材料（2人分）

カリフラワー…1個
じゃがいも…1個
トマト…1／4個
カレードレッシング（p43参照）…大さじ3
ゴマ（黒）・コリアンダー…各適量
塩・コショウ…各適量

作り方

1 カリフラワーを小房に分けてゆで、水気を切る。じゃがいもは食べやすい大きさに切ってゆで、水気を切って塩、コショウをふる。トマトは1cm厚さの薄切りにする。
2 材料にカレードレッシングとちぎったコリアンダー、ゴマ（黒）適量を加えて和える。

タイムと豆のマカロニパスタ

材料（1皿分）

金時豆（缶詰）…120g
たまねぎ…1/4個
セロリ…1/2本
じゃがいも…1個
豚ひき肉…50g
オリーブ油…大さじ2
水…4カップ
ローリエ…1枚
タイム・塩・コショウ…各適量
シェルマカロニ… 80g
粉チーズ…大さじ3
パセリ…適量

作り方

1 たまねぎ、セロリはみじん切りに、じゃがいもは2cm角に切る。
2 鍋にオリーブ油を熱し、豚ひき肉を炒める。パラパラになったら、たまねぎ、セロリを入れてしんなりするまで炒める。
3 2に水、金時豆、ローリエ、タイム、じゃがいも、塩少々を加えてふたをし、弱火で30分煮る。
4 豆の半量を取り出してミキサーでピューレ状にして3にマカロニを加え、火が通るまで煮る。ピューレを戻してから、塩、コショウで調味し、粉チーズ、刻んだパセリを加える。

セージ風味のポークソテー

材料（1皿分）

豚ロース肉…1枚
サラダ油…適量
ブロッコリー（小房に分けたもの）…3～4個
パセリ…少々

A
おろしたまねぎ…1個分
しょう油…大さじ2
酢…大さじ1
砂糖…大さじ1
粒マスタード…大さじ1
セージの葉…2枚

作り方

1 豚肉は筋を切り、合わせたAに20～30分漬ける。
2 フライパンにサラダ油を熱し、豚肉を中火で焼く。両面焼き色がついたらAを加え、弱火で肉の中まで火を通す。
3 皿に盛り、刻んだパセリを散らし、ゆでたブロッコリーを添える。

※たまねぎの辛みが強い場合は水にさらしてから使う。

シソと水菜の混ぜご飯

材料（作りやすい分量）

シソ…10枚
水菜…1袋分
米…2合
酒…大さじ2
塩…小さじ1

A
塩…小さじ1
昆布の細切り…10cm角分
梅干し（種を取り除いておく）…2個
ちりめんじゃこ…30g

ゴマ（白）…適量

作り方

1 米は洗ってざるに上げ、30分おく。炊飯器に米と酒を入れ、目盛りまで水を加え、Aを入れて普通に炊く。
2 炊き上がるまでの間に、水菜をざく切りにし、塩でもんで水けをしぼる。シソは千切りにしておく。
3 ご飯は、中の梅干しをつぶしながら混ぜ、2とゴマ（白）を混ぜ込む。

ハマグリのハーブ焼き

材料（2人分）

ハマグリ（殻つき）
…10～12個
白ワイン…適量
塩・コショウ…各少々
バター…大さじ1と1/2
パン粉…1/2カップ
ニンニクのみじん切り
…1片分
好みのハーブのみじん切り
（タイム、ローズマリー、イタリアンパセリなど）
…小さじ2

作り方

1 フライパンにバターとニンニクを入れ、弱火でゆっくり炒める。少し色づいたらパン粉とハーブを入れて混ぜ、全体にしっとりしたら火を止める。
2 鍋にハマグリを入れて白ワインをふり、ふたをして火にかける。ハマグリの口が開いたら塩、コショウをふる。
3 耐熱皿にハマグリを並べて1をかけ、180℃に温めたオーブンで表面に焼き色がつくまで焼く。

ベビーリーフのアンチョビサラダ

材料（1皿分）

ベビーリーフ
（ベビーホウレンソウ）…1カップ
アンチョビ…4枚
オリーブ油…小さじ1
塩…少々
クランベリー（乾燥）…5g
赤ワイン…少々
粉チーズ…大さじ2

作り方

1 ベビーリーフ(ベビーホウレンソウ)は葉の部分を摘み、水でよく洗う。
2 アンチョビは2cm幅に切り、オリーブ油を熱したフライパンで焼き色がつくまで焼く。
3 クランベリーに赤ワインをふり、軽くもみ込んで薄切りにする。
4 1に塩をふり、すべての材料を合わせ、粉チーズをかける。

牛肉とさつまいもの甘辛炒め

材料（1皿分）

さつまいも…1本
牛薄切り肉…100g
A しょう油・酒…各少々
片栗粉…少々
しょうがのみじん切り…少々
B 砂糖・しょう油・酒
…各小さじ2
サラダ油…大さじ2
チャイブ…適量

作り方

1 さつまいもは7～8㎜の厚さの半月切りにし、水にさらしてアク抜きをする。牛肉はひと口大に切り、Aをまぶす。
2 フライパンにサラダ油を熱してさつまいもを入れ、中に火が通るまで弱火で炒める。
3 さつまいもをわきに寄せ、フライパンの中央で牛肉を強火で炒める。
4 牛肉の色が変わったら全体を混ぜ、合わせたBを加えてからめる。仕上げに小口切りにしたチャイブを散らす。

ハーブを引き立てるドレッシング

フレンチ

材料

酢…50 ～ 60mℓ、
マスタード粉…小さじ 1 強
たまねぎ（すりおろし）…30g
にんにく（すりおろし）…少々
塩…小さじ 1、コショウ（白）…少々
サラダ油…200mℓ

作り方

油以外の材料を混ぜ合わせ、サラダ油を少しずつ加えてさらによく混ぜ合わせる。

アンチョビハーブ

材料

アンチョビ（みじん切り）…2 枚分
イタリアンパセリやバジルなど好みのハーブ　（みじん切り）…大さじ 2
酢…大さじ 3、塩・コショウ…各少々
オリーブ油…大さじ 3

作り方

油以外の材料を混ぜ合わせ、オリーブ油を少しずつ加えてさらによく混ぜ合わせる。

中華ゴマ

材料

酢…大さじ 2、しょう油…大さじ 1
砂糖…小さじ 1、ゴマ（白）…大さじ 1
サラダ油…大さじ 2、ラー油…適量

作り方

油以外の材料を混ぜ合わせ、サラダ油、ラー油を少しずつ加えてさらによく混ぜ合わせる。

ドレッシングの作り方

1 酢などの水分に塩を加えて混ぜ合わせ、よく溶かします。
2 油を少しずつ加え、その都度よくかき混ぜます。水分と油がしっかりと混ざって、とろっとしたら完成です。

サラダの作り方

1 葉もの野菜は、繊維に沿って手で食べやすい大きさにちぎります。
2 ちぎった葉は、たっぷりと水を張ったボウルで洗います。軽く押し洗いすると水の底に土などの汚れがたまるので、1 ～ 2回水を替えながら洗い、ざるに上げておきます。
3 水きり器で水気を切り、さらにキッチンペーパーの上にのせて、残った水気をとります。しっかりと水気がとれたら、冷蔵庫に入れて 30 分ほど冷やし、パリッとさせます。
4 ドレッシングをボウルに入れ、そこに 3 を加えて、手でふんわりと和えます。

オイル系ドレッシング

サラダ油、オリーブ油、ゴマ油をベースにしたドレッシングです。

鰹節

材料

鰹節…1/2 カップ、ゴマ（白）…大さじ 2
しょう油…大さじ 3、砂糖…大さじ 1
サラダ油…大さじ 4

作り方

油以外の材料を混ぜ合わせ、サラダ油を少しずつ加えてさらによく混ぜ合わせる。

青ジソ

材料

青ジソ（みじん切り）…20 枚分
酢…大さじ 2、しょう油…少々
塩…小さじ 1/2、サラダ油…大さじ 3
ゴマ油…小さじ 1

作り方

油以外の材料を混ぜ合わせ、サラダ油、ゴマ油を少しずつ加えてさらによく混ぜ合わせる。

りんご

材料

りんご（すりおろし）…1/2 個分
たまねぎ（すりおろし）…1/2 個分
ショウガ（すりおろし）…1 片分
レモン汁…1 個分、薄口しょう油…小さじ 1
塩・コショウ…各適量、
オリーブ油…大さじ 1

作り方

材料をよく混ぜ合わせる。

にんじん

材料

にんじん（すりおろし）…1/2 本分
酢…大さじ 1、塩…ひとつまみ
サラダ油…大さじ 2

作り方

油以外の材料を混ぜ合わせ、サラダ油を少しずつ加えてさらによく混ぜ合わせる。

はちみつマスタード

材料

はちみつ・粒マスタード…各大さじ 1
レモン汁…大さじ 1、
オリーブ油…大さじ 3

作り方

油以外の材料を混ぜ合わせ、オリーブ油を少しずつ加えてさらによく混ぜ合わせる。

大根

材料

だいこん…1/6 本、酢…大さじ 1
しょう油…大さじ 1/2、塩･コショウ…各少々
サラダ油…大さじ 2

作り方

大根はすりおろして汁気をよく切る。材料をよく混ぜ合わせる。

みそゴマ

材料

みそ…大さじ 1、すりゴマ（白）…小さじ 2
酢…大さじ 2、みりん…小さじ 2
サラダ油…大さじ 4

作り方

油以外の材料を混ぜ合わせ、サラダ油を少しずつ加えてさらによく混ぜ合わせる。

たまねぎ

材料

たまねぎ（すりおろし）…1/3 個分
酢…小さじ 1、塩・コショウ…各少々
オリーブ油…小さじ 2

作り方

材料をよく混ぜ合わせる。

カレー

材料

カレー粉…小さじ 1、酢…大さじ 4
しょう油…小さじ 1、コショウ…少々
サラダ油…大さじ 1

作り方

油以外の材料を混ぜ合わせ、サラダ油を少しずつ加えてさらによく混ぜ合わせる。

クリーム系ドレッシング

マヨネーズや乳製品を使った、
濃度のあるドレッシングです。

シーザー

材料
マヨネーズ…大さじ2と1/2
アンチョビ（みじん切り）…2枚分
粉チーズ…大さじ2
オリーブ油・酢・プレーンヨーグルト
…各大さじ1
おろしニンニク…1/2片分、コショウ…少々
作り方
材料をよく混ぜ合わせる。

さっぱりチーズ

材料
クリームチーズ…大さじ2
プレーンヨーグルト…大さじ3
サラダ油・酢…各大さじ1
レモン汁…大さじ1、塩・コショウ…各少々
作り方
材料をよく混ぜ合わせる。

クリーミーレモン

材料
レモン汁…大さじ1、生クリーム…40ml
塩・コショウ…各少々、オリーブ油…60ml
作り方
油以外の材料を混ぜ合わせ、オリーブ油を加えながらさらによく混ぜ合わせる。

みそマヨネーズ

材料
みそ…大さじ1、砂糖…小さじ2
卵黄…1個分、マヨネーズ…大さじ5
作り方
マヨネーズ以外の材料をよく混ぜ合わせ、マヨネーズを加えてさらによく混ぜ合わせる。

豆乳マヨネーズ

材料
マヨネーズ…大さじ4、豆乳…大さじ2
白ワインビネガー…小さじ1
はちみつ…小さじ1/3、
塩・コショウ…各少々
作り方
材料をよく混ぜ合わせる。

ツナタルタル

材料
マヨネーズ…50g、ツナ（缶詰）…30g
生クリーム・牛乳…各小さじ2
ケイパー（みじん切り）…小さじ1
たまねぎ（みじん切り）…10g
塩・コショウ（白）…各少々
作り方
材料をよく混ぜ合わせる。

わさびマヨネーズ

材料
マヨネーズ…大さじ5
わさび漬け…大さじ2
作り方
材料をよく混ぜ合わせる。

キュウリマヨネーズ

材料
マヨネーズ…大さじ5
キュウリ…1本
たまねぎ…1/4個
作り方
キュウリとたまねぎはすりおろして汁気を軽く切り、マヨネーズとよく混ぜ合わせる。

アンチョビマヨネーズ

材料
マヨネーズ…50g、牛乳…大さじ1
アンチョビ（みじん切り）…2枚分
たまねぎ（みじん切り）…少々
ケイパー（みじん切り）…8粒
作り方
材料をよく混ぜ合わせる。

育て方の基本&ポイント

知っておきたい！

栽培のポイント

土

コンテナや植木鉢など限られた量の土で育てる場合は、その土の「質」で植物の生長に大きな差が出ます。ハーブ用、野菜用と書かれた市販の培養土《ばいようど》を使うのが手軽です。園芸店やホームセンターには、たくさんの種類の土が売られていますので、それぞれの違いを知っておくことはとても大切です。

●腐葉土・堆肥

水はけや水持ちを良くし、根が呼吸しやすい状況にする、土の改良材のひとつ。バーミキュライト、パーライト、ピートモスなども使い勝手や目的に合わせて使い分けられます。

●培養土

土だけでなく、水はけや水持ちを良くするための土壌改良材を合わせてあります。パッケージには、「園芸用培養土」「ハーブ用の土」「野菜の園芸用土」などさまざまな表記があるので、内容を確認しましょう。多くの培養土には、「元《もと》肥《ごえ》」と呼ぶ肥料分が含まれています。野菜用のものであれば、1シーズン（3～4ヶ月）育つ肥料が入っているわけですが、その後は追肥を必要とします。

●赤玉土

代表的な園芸用土で、水はけの良い土です。腐葉土などの有機物を合わせて、植物に合ったブレンドの培養土を作るためのものです。

器（コンテナ）

育てる種類のサイズや性質を考えて選びましょう。たとえば、繁殖力が旺盛で多年草のミントなどは、どんどん根を張ってしまうので、すこし大きめのものを選びます。背の高くなるものは深めの鉢、といったように、植物に適した鉢選びが順調な生長を促します。生長に応じて植え替えをしてやると、根がよく育ちます。はじめから大き過ぎる鉢に植えると、加湿気味になりやすいので注意しましょう。

●素焼きの植木鉢

土の水分が表面から蒸発するので、乾いた環境を好むハーブに向いています。夏には気化熱で鉢の中の温度を下げる働きがあるので、日当たりの良いベランダなどには向くでしょう。大きなものは重くなってしまうので、重量についても考えましょう。

●プラスチックのプランター

同じ土の量を入れても、素焼きのものよりも、ぐっと軽くなります。水持ちが良いので、真夏の頻繁な水やりに自信のない方にはおすすめです。近年はデザインも色も多く、選びやすくなっています。樹脂製のものは紫外線で劣化しますので、3年以上経つと割れやすくなります。

HOME

水

土の表面が乾いたら与えるのが基本ですが、植物の様子を知ることも重要です。

葉のハリなど、日々の変化を観察しましょう。水をやっても、根が傷んでいるために葉の元気がなくなっている場合もあります。初心者の失敗の原因は、水をやり過ぎるケースが多くあります。土が湿った状態が長く続くと根が呼吸できず弱ってしまいます。

雨のあたる場所なら、天候に合わせた水やりを。夏場の高温期には、朝夕の2回の水やりが必要なこともあるので、環境や種類、生育状況に合わせた判断がポイントです。

肥料

市販の培養土には、元肥とよばれる一定の肥料分が含まれています。栽培期間の長いものや多年草、果樹などは、年に何度かの追肥が必要です。初心者が扱いやすいのは、「化成肥料」でしょう。強いにおいもありません。「有機肥料」は、油かすや骨粉などいろいろな種類がありますが、分解吸収に時間がかかってしまうので、「有機配合肥料」という中間的なものが扱いやすいでしょう。「液肥」は即効性がありますが、持続性が低いので定期的に使うと効果的です。肥料を与えるとぐんぐんとよく育ちますが、多用すると病害虫が発生しやすくなったり、香りが薄くなることがあるので、使い過ぎには注意しましょう。

病害虫

病害虫は、発見したらすぐに対処しますが、ハーブは食材なので、薬剤を使いたくない方がほとんどです。

イモ虫などは捕殺します。葉の裏などに卵を産みつけるものが多いので、こまめにチェックしましょう。アブラムシは、大きめのハケなどで掃き落としてしまうのがよいでしょう。

風通しの悪い環境に置くと「うどん粉病」が出やすいので、置き場に気をつけて。

収穫

●育てながら収穫

ハーブは株の生長を見極めて、葉などを収穫しながら育てます。苗の時期に葉を摘んでしまうと、植物の生長が鈍ってしまうので注意しましょう。

株が充実し、葉の勢いがあるときには、どんどん摘みとっても、次々と芽を出してきます。

茂りやすい種類は、風通しを良くして、蒸れないように。下葉を摘んで混み合わないようにします。

知っておきたい！

植えつけ・植え替えの基本

市販のハーブの苗は、
小さめのビニールポットで流通しています。
これは簡易的なポットですから、
なるべく早めに植えつけましょう。

苗の見分け方

葉の色が鮮やかで、茎がしっかりとぐらつかない苗を選びましょう。

売り場に長く置かれたものは、日照不足のため徒長（枝や茎が間延びして伸びること）していたり、根が鉢底から出ていたりするので、注意します。

植えつけ・植え替え

❶ビニールポットよりもふた回りほど大きめの鉢を用意します。

鉢の底には水抜きの穴がありますが、そこから培養土が流れ出ないように、「鉢底ネット」を置きます。虫の侵入を防ぐ働きもあります。

庭に植える場合は、大きめの穴を掘り、堆肥などを入れて土壌改良をします。

❷ビニールポットの中の根の状態を確認します。鉢底の土を軽くほぐして、新しく伸びる根が、培養土と馴染みやすくなるようにします。鉢底の根が茶色くなっている場合は、その部分をハサミで切ってから植えます。

ただし、直根性のパセリやコリアンダーの場合は、ポットの土の形を崩さないように、そのまま植えます。

❸鉢の半分ほどまで培養土を入れて、その上に苗を置きます。株元の位置が鉢の縁から2～3㎝下がったところにくるように、培養土を入れます。水やりのときに、土がこぼれずに水を溜めるウォータスペースになります。

庭植えの場合は、株元の位置はやや高めに盛り上げます。株元に水が溜まらないことがポイントです。

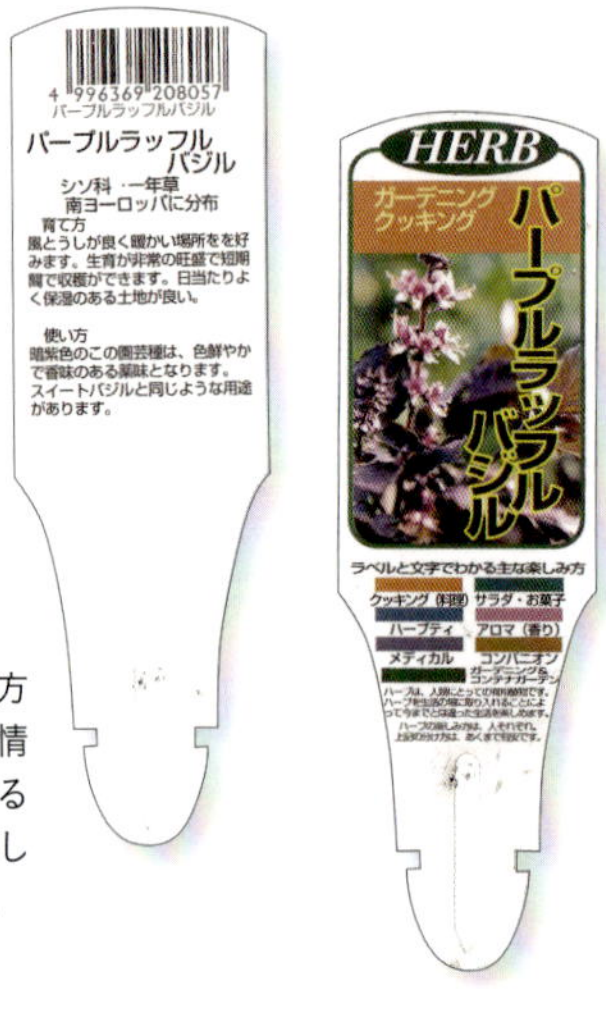

タグには栽培方法など重要な情報が書いてあるので、必ず保管しておきましょう。

知っておきたい！

見た目も楽しいハーブ栽培

底穴さえあければ、植木鉢以外のもので栽培を楽しむこともできます。手頃な雑貨をうまく使って、ポップでキュートなハーブガーデンを作ってみましょう。

●紙コップ

種をまいて苗作りに利用すると便利。小さい苗なら植えられます。強度がないので、鉢カバー代わりに、透明のプラコップをかぶせれば、そのままプレゼントにも。

●ジュースなどの紙パック

防水加工をしてあるので、植えつけ可能です。ポップな絵柄を選びましょう。

●空き缶

穴は釘などを使ってあけましょう。さびが出やすいので、長期間の利用は控えましょう。

●ヨーグルトなどの空き容器

プラスチック性のものが扱いやすく、いくつか並べると楽しいです。

●カゴ

そのままでは水が抜けてしまうので、中にビニールの内ばりをします。内ばりには必ずいくつかの穴をあけておきましょう。つるして、ハンギングバスケットにしても。

●木箱

防水性を高めるため、ペンキやニスを塗ってから使いましょう。小さな鉢をまとめて木箱に入れて飾っても。

知っておきたい！

ふやし方の基本

株が育ってきたら、さし木や株分けでふやすことができます。

さし木の基本

茎を土にさし、発根させる方法で、成功率が高いふやし方といえます。

《さし木にむいているハーブ》

ローズマリー、バジル、タイム、など

●さし木の手順

①新しく伸びた茎を5センチ前後で切り取ります（さし穂）。すぐに水につけて、30分ほど置いておきます。

②鉢（水抜き穴がある容器ならなんでもよい）に、さし木用の土（バーミキュライトや専用土、肥料分がないもの）を用意します。

③水につけたさし穂の下半分の葉は、取り除きます。土に竹串などで、細めの穴を開け、さし穂の半分まで差し込みます。

④直射日光が当たらない場所で、土が乾かないように注意して管理します。1～2カ月で根が出てくるので、しっかりした根が伸びていることを確認してから、一般の培養土に植え替えてやります。

株分けの基本

多年草ハーブは何年も生育を続けるため、株はどんどん大きくなります。株分けをして、大きくなった株を分割することで、株の数が増えるとともに、生育が良くなります。

《株分けにむいているハーブ》

レモングラス、レモンバーム、ミント、チャイブ、フェンネルなど

●株分けの手順

①鉢から株を抜きます。根が張り過ぎて抜きにくい場合は、鉢を軽く叩くとよいでしょう。

②根が絡み合っている部分に縦にハサミを入れ、根を少しほぐします。両手で株を持ち、引き裂くように株を分けます。無理に引っ張るのではなく、自然に分かれる位置で分けましょう。このとき、どちらの株にも芽や根がつくようにします。地上部分を切り戻します。

③分けた株を植えつけ、新芽が出るまでは、半日陰に置きます。

取り木の基本

地面についた枝から根が出る性質を利用して、ふやす方法です。

《取り木に向いているハーブ》

オレガノ、セージ、タイム、ミント、レモンバームなど

●取り木の手順

枝や茎を地面に倒し、根を出させたい部分に土をかけます。倒した枝を固定するため、Uピンや針金など使うとよいでしょう。根が出てきたことを確かめたら、ハサミで切りとり、移植します。

知っておきたい!

夏越し・冬越しの基本

日本には四季があります。多くのハーブにとって、春と秋は過ごしやすい時期ですが、夏と冬は、防暑・防寒対策が必要です。

夏越しの基本

高温多湿な日本の夏を元気に乗り切るためには、風通しを良くすること。そのためには、枝を切り戻したり、すいたりしましょう。切り戻す際は、思い切りよく、地面から5㎝程度のところで行い、姿全体をコンパクトにまとめます。地面からの照り返しを防ぐため、鉢は直置きせず、すのこや花台などを利用しましょう。

冬越しの基本

気温の低下とともに生育はゆっくりになります。耐寒性があるハーブでも、霜には注意が必要です。土に霜柱ができたり、凍ったりすると、根が傷んで枯れてしまうこともあります。株元にワラや腐葉土などを敷いてマルチングをしたり、株全体を寒冷紗《かんれいしゃ》（防寒や防虫のための目の細かい園芸ネット）でおおって保温しましょう。ビニールでおおうときは、必ず通気の穴をあけておき、温かい日の昼間ははずすようにします。耐寒性がないハーブは室内に取り込み、水やりを控えめにして保護します。

知っておきたい!

寄せ植えの基本

複数の植物を同じコンテナに植えつけることを寄せ植えといいます。

花がきれいなものと葉色が美しいものを組み合わせたり、料理やティーに一緒に使うものを合わせたり、いろいろな楽しみ方ができます。また、広い栽培スペースがない場合は、コンパクトにまとめられるというメリットも。気をつけなければいけないポイントを押さえ、寄せ植えハーブを楽しみましょう。

●好みの環境を理解する

元来丈夫なハーブは、どんな環境でも元気に育つような気がしますが、じつはそれぞれに好みの環境があります。直射日光が好きなもの、半日陰を好むもの、乾き気味のほうが生育が良いもの、多湿を好むもの、といったように、特に日当りと水やりに関して、そのハーブの特性をよく理解しましょう。そのうえで、好みが同じもの同士を組み合わせると、栽培管理がうまくいき、寄せ植えがイキイキと育ちます。

《乾燥気味を好むハーブ》
カモミール、セージ、タイム、バジル、フェンネル、ラベンダー、ローズマリーなど

《多湿気味を好むハーブ》
レモンバーム、ミント、シソ、チャービルなど

●大きさのバランスを考える

ポット苗の状態では小さくても、バジルはすぐに大きくなりますし、ミントは四方八方に伸びます。この2種を一緒に植えたらすぐに鉢がいっぱいになってしまい、その後の生長は思わしくないでしょう。このように、寄せ植えをする場合は、生長した姿を思い描いて、組み合わせを考えましょう。

ミントやレモンバームのように根の勢いがあるものは、根が伸びる範囲を限定して。あらかじめ別の鉢に植えたものを、鉢ごと植えつけると、他のハーブのスペースを邪魔せず、管理がしやすくなります。

PART 2

多年草のハーブ

PERENNIAL

多年草の基本

花が咲き、実（種）ができても、枯れずに生き残り、翌年以降も生育を続けるものを、多年草、または宿根草といいます。一年中、葉が緑色の状態にあるものと、冬に地上部分が枯れてしまうものがありますが、どちらも、春になると再び芽吹きます。

多年草ハーブの分類

●耐寒性ハーブ

寒さに強く、戸外で越冬することができるものを「耐寒性ハーブ」といいます。栽培する地域によっては耐寒性があるハーブでも、越冬できない場合があります。それぞれの耐寒温度を確認し、対応しましょう。

ミント、オレガノ、セージ、チャイブ、フェンネル、レモンバームなど

●非耐寒性ハーブ／半耐寒性ハーブ

寒さへの耐性が弱く、気温が低い時期は室内に取り込む必要があるものを「非耐寒性ハーブ」、防寒対策をすれば戸外で冬越しできるものを「半耐寒性ハーブ」と呼びます。

キダチアロエ、レモングラス、ショウガなど

苗の選び方

多年草ハーブ苗の多くは、春先から出回ります。品揃えの良いお店で、枝ぶりのバランスが良いものを選びましょう。元気な枝に、濃い色の葉がたくさんついているものが良いでしょう。土がかたまっていたり、土の表面に苔が生えているものは、ビニールポットのまま長期間管理された苗です。中で根が張り過ぎている場合もありますから、よく吟味して。購入後は、早めに大きめの鉢に植え替えてやります。

●植えつけ時の注意

ポットから取り出した苗に細いひげ根がたくさん出ていて、底の部分がかたまりになっている場合は、かたまりを取り除き、根の3分の1ほどを崩してから植えつけましょう。勢いのある新しい根を伸ばすためです。

●植え替えは1～2年ごとに

鉢植えのハーブは、1～2年で根が回り、鉢の中がいっぱいになってしまいます。定期的に植え替えを行い、根詰まりをさせないように注意しましょう。

植え替える場合、ひと回りかふた回り大きな鉢に植えると良いのですが、鉢のサイズを大きくしたくない場合は、根鉢を崩し、ていねいに根を整理してから、新しい土を使って植え替えます。

ミント

別名／メンタ
和名／ハッカ
科名／シソ科ハッカ属
原産地／北半球の温帯

ミントティーの利用方法1

煮だして冷ましたミントティーをアイスクリームの香りづけに。あんみつなどの和風デザートにもマッチします。また、ゼリーやシャーベットを作るときに加えたり、オレンジやグレープフルーツジュースと割ってもおいしくいただけます。

ミントティーの利用方法2

日焼けあとの肌につけるとほてりを冷まし、アウトドアのときには蚊やブヨの虫よけとして効果があります。殺菌消臭効果もあるので、床拭きに使ったり、靴やカーテンなどにスプレーすれば、におい消しの役目も。

ミント風味のアイスキューブ

ミントの葉を加えて氷を作ると、見た目も涼しげなアイスキューブに。また、濃いめにいれたミントティーを凍らせても楽しめます。

すがすがしい香りで胃腸を爽快に

爽快感ある香りでおなじみのハーブで、歯みがき粉やキャンディなどに使われるスペアミントやペパーミント、りんごの香りがするアップルミントなど、その種類は600種以上あるといわれています。繁殖力が強く育てやすいうえ、用途も幅広いので、はじめて育てるハーブとして最適。デザートや飲み物の飾りとして使うことが多いですが、サラダに混ぜたり、他のハーブティーに少量加えたりすると、全体の味が締まり、おいしさがアップします。ミントティーは胃もたれや便秘の解消にもなります。

ミントソースの作り方

刻んだミントにヨーグルトと塩を加えて作る、インド風のソースです。好みでレモン汁や青トウガラシ、ニンニクを加えてもよいでしょう。さっぱりしているので、揚げ物や肉のグリルなどによく合います。

たくさん収穫したら

フレッシュミントはひもで結んで束にし、お風呂に浮かべれば、リラックス効果が。ドライにしても香りが変わらないので、小さな布袋に入れてサシェ(匂い袋)にしても。

しあげに散らしたミントがさわやか

ズッキーニのミントソテー

材料（2人分）

- ズッキーニ…2本
- ニンニク…1/2片
- オリーブ油…適量
- バルサミコ酢…小さじ1
- 塩・コショウ…各適量
- ミントの葉…適量

作り方

1. ズッキーニは縦に5mm幅の薄切りにする。ニンニクはみじん切りにする。
2. フライパンにオリーブ油を熱してニンニクを炒め、色づいたらズッキーニを焼く。両面に焼き色がついたら、塩、コショウで調味する。
3. 皿に盛り、上からバルサミコ酢をかけ、ミントの葉を散らす。

栽培と収穫

ぐんぐん育つ株のコントロールがポイント

植えつけ

生育が旺盛なので、直径24cmほどの大きめ鉢に植えます。地植えなら株間を広くとるか、株が横に広がるのを防ぐために、直径30cmほどの鉢に植えてから地中に埋めるのもおすすめです。

収穫～整枝

香りが良くてやわらかい若い葉を茎ごと摘んで利用します。そこから脇芽が伸びて枝葉が増え、こんもりした草姿に。

切り戻し～さし木

夏は蒸れやすく、花が咲くと株が消耗するので、各茎に葉を2～3枚ずつ残して切り戻します。切り取った茎はさし木に使えます。冬に枯れこんだ株も地際まで切り戻して、新しい茎葉を伸ばしましょう。

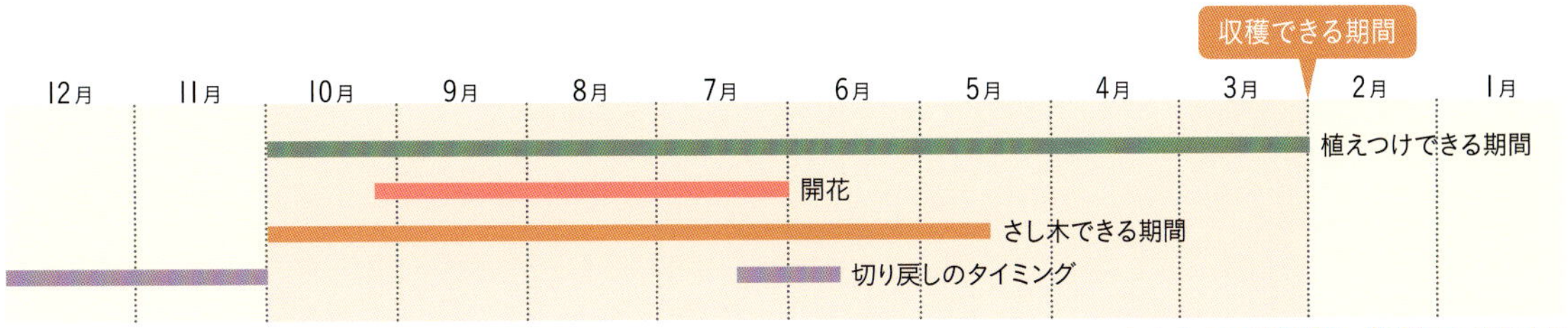

おすすめの収穫期間：6月下旬から7月上旬
（香りの強い開花前に）

ミント品種図鑑

たくさんの品種の中からお気に入りを見つけてください。

ホワイトペパーミント

茎が鮮やかな緑色をしたペパーミントです。夏から秋にかけて花が楽しめます。ハーブティー、ハーブバス、ポプリ、料理の飾りなどに幅広く使えます。草丈30 〜 50cm。

イングリッシュミント

ミントの中でも香りにクセがないので、ハーブティーに利用したり、アイス、ジュースの飾りなどにおすすめ。葉はやや黒味がかっていて、薄桃色の花を咲かせます。

イエルバブエナミント

モヒートの本場キューバでは、スペアミントよりこのイエルバブエナを使ったものが多く、文豪ヘミングウェイが愛飲していたといわれています。他のミントにない独特の風味を持ち、繁殖力も旺盛なので初心者でも手軽に栽培できます。

ペパーミント

ガム、デザート、飲料、化粧品、歯磨き粉など日常のあらゆるものに使われ、ハーブの中でも生活になじみの深い品種。メントール成分を多く含んでいるためピリッと目の覚めるような強い清涼感があります。料理、ハーブティー、お菓子の飾りにとても相性が良いほか、ポプリ、ハーブバス、ガーデニング、オイルなどあらゆることに利用できます。別名西洋ハッカ。

スペアミント

ペパーミントと並ぶミントの代表格。葉はひげがなく比較的明るい緑です。清涼感の中にも甘さを含んだ香りがあります。ミント類の中でももっとも料理に使え、お菓子や料理の香りつけなど利用範囲の広いミントです。

カーリーミント

葉の縁がするどいのこぎり状で縮れているので別名縮れ葉ミントと呼ばれます。淡い藤色のかわいい花を円筒状に咲かせます。スペアミントのような甘い香りでハーブティや料理用のスパイスとして広く利用できます。摘みとって乾燥させた葉を魚料理、肉料理、ハーブティー、ビネガー、サラダなどにどうぞ。和名ちりめんハッカ。草丈約60cm。

クールミント

ガムや歯磨き粉などで有名なミント。葉はとがった卵型で縁がのこぎり状になっています。清涼感のある香りを一年中楽しめます。草丈30 〜 40cm。

ノースミント

日本ハッカにオランダハッカとブラックペパーミントを交配した品種。日本ハッカはメントールの含有量が多く、葉を肉料理のソースやお菓子の香りづけ、ハーブティー、ハーブバスなど、幅広く使えます。別名北斗。

キャットミント

葉はハート型で縁は丸みを帯びたのこぎり状です。夏から秋にかけて濃紫の花が1枚の葉に3個ずつ咲きます。甘く強い香りがあります。ミント科ではなくキャットニップの仲間で猫が好む香りがするといわれています。草丈20 〜 80cm。

オーデコロンミント

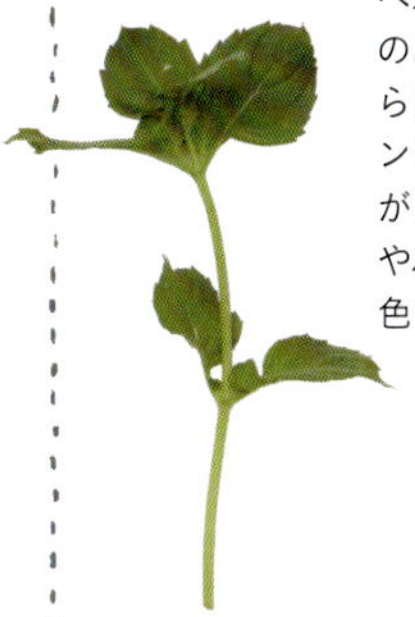

藤色の花が円形穂状に咲きます。葉にふれるとベルガモットやオレガノのような柑橘系のすばらしい香りがします。ミントの中でも強い香りがします。サラダの彩りやハーブティー、また染色やハーブバスなど幅広く使えます。草丈30 ～ 50cm。

ジンジャーミント

新葉に黄色いきれいな斑が入りますが、栽培環境により斑が入らない場合があります。ジンジャー（ショウガ）の香りを放ちます。

ラベンダーミント

ラベンダーのような清涼感の強い香りと味わいが特徴です。

コルシカミント

まだらに日あたりのある場所を好みます。ミントの中でいちばん小さい這い性のミント（苔状）ですが、強い香味があります。花も小さく目立ちません。草丈1～3cmなので食用ではなく観賞用またはグラウンドカバーにして香りを楽しむのがおすすめです。

グレープフルーツミント

全草に綿毛があり、葉の緑はのこぎり状、草姿が美しいミントです。葉はグレープフルーツの香りで、淡い紫色のかわいい花をつけます。草丈30 ～ 50cm。

オレンジミント

オレンジの香りがする葉を持つので、ハーブティやポプリにして使うと香りが楽しめます。葉を摘みとって乾燥させたものを使います。料理、ハーブティー、お菓子の飾りにしても相性が良い品種です。草丈20 ～ 30cm。

ホールズミント

大型のアップルミントのような草姿です。全草に綿毛があり丸みのある葉が特徴。りんごのようなさわやかな香りがするので、ハーブ料理、ハーブティー、ポプリなどにして香りを楽しんでください。

アップルミント

りんごとミントをミックスしたようなやさしい香りが人気の品種。白い毛の生えた丸い葉をしています。ハーブバスとして使う場合、直接バスタブに入れずに布の袋（柄の少ない、巾着の代用も可能）などに入れて蛇口のそばにつるしてください。入浴中にお風呂の中で袋を軽く揉むと、豊かな香りが広がります。他にも魚料理、肉料理、卵料理、ゼリー、飲み物、サラダ、ソース、ビネガーなど多彩に利用できます。草丈約40 ～ 50cm。

パイナップルミント

アップルミントの一種でパイナップルの甘い香りが特徴。クリーム色できれいな斑入りの葉をつけます。丈夫で耐寒性もあり、どこでも育ちます。主にシルバーガーデンやコンテナガーデンの観賞用に。草丈30 ～ 60cm。

バナナミント

バナナの甘い香りがすることからこう呼ばれています。葉はやわらかな濃い緑色。花は球形でピンクです。その香りをいかしてハーブティーやクッキーにするのがおすすめ。

ペニーロイヤルミント

這い性（はいせい）でグラウンドカバーとして香りの芝生に使えます。強い香りは防虫効果もあるといわれています。花は淡い紫色です。草丈15 ～ 30cm。

オレガノ

別名／ワイルドオレガノ
和名／ハナハッカ（花薄荷）
科名／シソ科ハナハッカ属
原産地／ヨーロッパ

肉と相性が良いので、ミートソースに加えれば風味がアップ。

オレガノの花

香り高い葉も花も役立つハーブ

古代ギリシャでは、歯痛や傷の治療薬として使われていた薬草で、オレガノティーは消化促進や炎症緩和、呼吸器系のトラブルや頭痛にも良いとされています。生葉よりもドライのほうが香りが良く、ピンク色のちいさな花がもっとも香りが高いので、ドライフラワーやリース、サシェ（匂い袋）としての使いみちも。またその美しさから、花オレガノという観賞用の種類もあるほどです。肉料理の臭み消しにも使えるほか、フリットの衣に混ぜたり、トマトの煮込み料理のスパイスとしても定番のハーブです。チーズ料理との相性も抜群です。

オイルとビネガー

オレガノオイルはパスタやピザ、トマトソース、フライドポテトなどにかけて風味を添えましょう。オレガノビネガーはシンプルなトマトサラダや野菜のグリルなどと好相性。

オレガノの品種

ゴールデンオレガノ：花は明るい黄緑色です。やや小型。
グリークオレガノ：香りが特に強い品種。トマト料理に。

自家製のケチャップに

トマトの水煮をうらごしし、火にかけて煮つめたら、おろしたまねぎ、おろしニンニクを加えて弱火でさらに煮つめます。砂糖、塩、コショウ、ワインビネガー、オールスパイス粉末、シナモンスティック、クローブ、オレガノを加えてひと煮立ち。火を止め、シナモンスティックとクローブ、オレガノを取り出したら、自家製ケチャップの完成です。

花オレガノ「ケントビューティー」

観賞用品種。苞葉（ほうよう）がピンクに色づき、花びらのように見えます。

オレガノソルトを作りましょう

乾燥させて細かく砕いたオレガノと塩を混ぜて、オレガノソルトを作りましょう。肉や魚の下味をつけたり、ドレッシングの味つけなどに重宝します。

栽培と収穫

蒸れないようにまめに収穫しながら育てよう

植えつけ

生育旺盛で株が這うように広がります。鉢なら直径24cmサイズ、地植えなら株間を広くとって植えましょう。苗の茎を切り戻してから植えると、株が早くこんもりします。

株分け～さし木

根茎が横に伸びてどんどん広がるため、鉢植えは毎年植え替え、地植えは2～3年ごとに株分けしましょう。茎の節から根が出ることもあるので、切った茎でさし木も簡単です。

摘芯～収穫～切り戻し

先端の芽を摘み（摘芯）、脇芽を伸ばして茎葉を育てます。まめに収穫しながら草姿を整え、梅雨前には切り戻して蒸れを防ぎましょう。

＊さし木は節から根の出た部分を切ってさします。株分けは鉢植えの根鉢を半分に割ります。

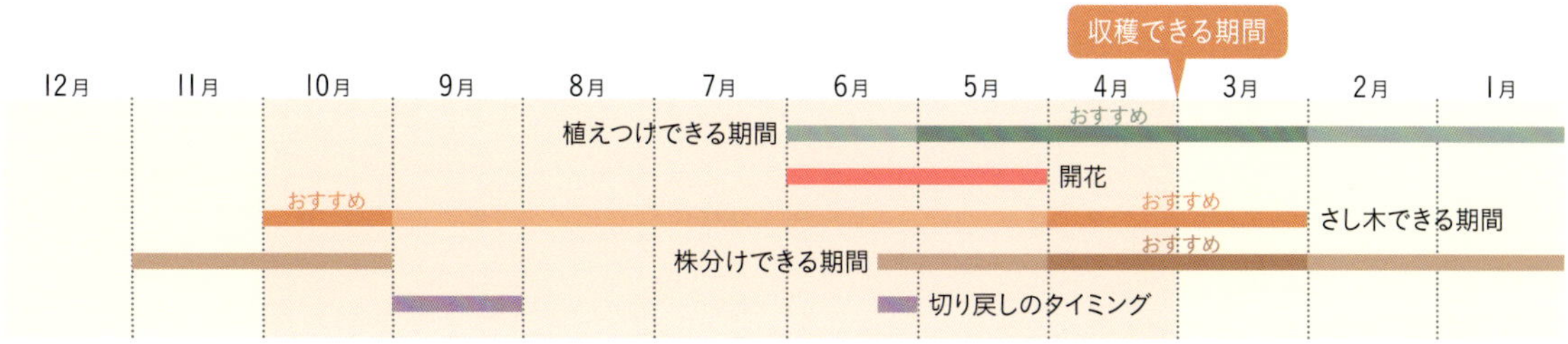

おすすめの収穫期間：5月～6月の開花直前がもっとも香りが強い

アロエ

和名／ロカイ（蘆薈）
科名／ススキノキ科
原産地／アフリカ、マダガスカル、アラビア半島

日焼けや やけどの症状を やわらげる薬効が

アフリカやマダガスカルに約500種が自生している多肉植物で、葉のなかにゼリー状の葉肉があり、日本でもキダチアロエがむかしから民間療法で使われる生薬として親しまれてきました。ビタミンやミネラルが豊富で抗酸化作用があり、アロエに含まれるアロエチンには細菌の増殖を抑制する力があり、やけどのケロイド化を防ぐといわれています。熱帯の植物なので冬は日当たりの良い室内を好みますが、乾燥や病気、害虫に強いので、初心者にも簡単に育てることができます。なお、ヨーグルトなどによく使われるのは、大型で苦みが少ないアロエベラです。

キダチアロエの扱い方

葉は根もとから切り、スポンジでていねいに洗います。水気をふき取ったら、包丁で両サイドのトゲをとりのぞきましょう。保存する場合はラップをして冷蔵庫で。

シロップ漬け

葉肉は、そのまましょう油などをつけて食べることもできますが、独特の苦みがあるので、角切りにして砂糖と煮てシロップ漬けにしておくのがおすすめ。ヨーグルトやフルーツポンチに混ぜてどうぞ。

食べすぎは禁物！

多量にアロエを食べるとお腹がゆるくなることがあります。適量は人それぞれなので、最初は少なめにして様子を見ながら食べましょう。

＊注意事項

アロエは子宮内に充血を起こすことがあるため、妊娠中や生理中は絶対に利用してはいけません。

栽培と収穫

水やりの心配なし 暖地なら 地植えもできる

植えつけ

キダチアロエは5度以上で冬越しできるので、霜の降りない暖地なら庭に植えられます。鉢なら苗の直径と同サイズに植えましょう。根のついていない切り苗は、植えつけて10日ほど水を与えません。

水やり

乾燥に強いので、屋外なら鉢植えでも水やりの必要はほとんどありません。梅雨などの長雨では過湿になるので、軒下などに取り込みましょう。

仕立て直し～植え替え

下葉がとれてバランスが悪くなった株は、上部30cmほどを切ると脇芽が伸びて新しい葉が出ます。切り取った先端はさし木できます。鉢植えは1～2年ごとに植え替えましょう。

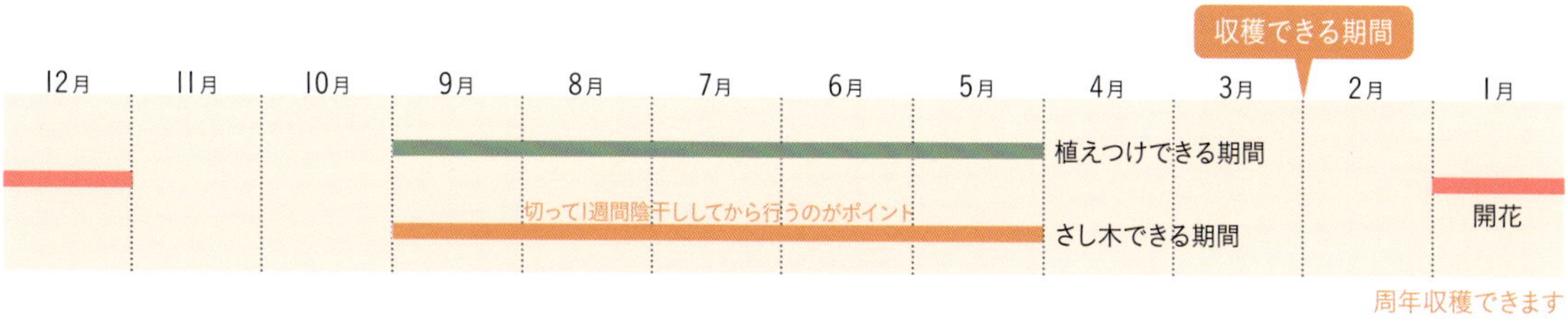

アロエの正しい使い方

　古くから民間薬として使われてきたアロエは、「医者泣かせ」「医者要らず」と呼ばれるほどで、整腸作用、やけど、虫刺され、二日酔いなどさまざまな効能がうたわれてきました。

　有用な成分が確認されていますが、子宮収縮作用や、骨盤内充血を起こすことがあるため、妊娠中の使用は避け、月経時・授乳中の場合には、充分注意が必要です。

アロエベラ

　皮を剥いた内側の葉肉（ゼリー部分）は、キダチアロエのような苦みがありません。

　流通している市販のもので、長期保存しているものは、外皮に含まれるアロインという成分が、葉肉に溶けだし苦味を感じることがあるかもしれません。

アロエ料理

●刺身で食べる

　アロエベラの葉肉は、刺身がとてもヘルシーです。加熱処理しないで、新鮮な生の葉肉を食べるのがなによりです。

●サラダで食べる

　どんな食材でも、邪魔することなく合わせられます。つるりとした食感もアクセントになります。

キダチアロエ

　キダチアロエの葉の緑色の部分には、便秘解消などに役立つアロインが多く含まれています。皮ごと食べると苦味が強く、根元の部分はより苦いようです。

　便秘解消に良いとされていますが、食べ過ぎると下痢をしやすいので注意しましょう。

●アロエ酒

　アロエ酒は、便秘や冷え性を緩和してくれるといわれており、健康酒として楽しむことができます。成分が強いので、糖尿病や高血圧、肝臓病の方の飲酒は厳禁です。

●作り方

❶アロエの生葉１００gほどをよく水洗いし、両サイドのトゲを取り除き、１㎝幅に切ります。
❷広口ビンに、アロエとホワイトリカーを1カップ、氷砂糖を約50gを入れ、冷暗所で保存。アロエの葉が茶色になったら取り出し、そのまま保存できます。

アロエベラ

美容に使う

アロエベラは、化粧品や入浴剤、ヘアケア用品にも使われています。

アロエの成分は吸収性が高いため、おもに保湿を目的として使われていますが、お肌の引き締めや紫外線防止を目的として使用されているものもあります。

メラニン色素の沈着を予防や、シミやそばかすの原因物質であるチアノーゼ効果の作用を妨害する効果、さまざまな殺菌作用があるとされています。

●アロエ水

アロエ水のパックは、肌の新陳代謝を促し、日焼けなどによる水分や脂分の不足、小ジワやシミに効果があるといわれています。

アロエ水をコットンなどに浸して使います。

●作り方

皮の成分は刺激が強いため、ゼリー部分だけを皮から取り出します。ゼリーを清潔なガーゼを使って絞り、その液を同量の精製水と混ぜ合わせます。

必ず冷蔵保存し、1週間ほどを目安に使い切りますが、液が変色した場合は必ず使用を中止してください。

●アロエ風呂

刻んだ葉を布袋に入れて、お風呂に入れれば、簡単にアロエ風呂を楽しむことができます。肌の弱い方には、刺激が強いので充分注意しましょう。

セージ

別名／コモンセージ
和名／ヤクヨウサルビア（薬用サルビア）
科名／シソ科サルビア属
原産地／地中海沿岸、北アフリカ

ペットのにおいに

セージの葉を燃やすと、空気清浄効果があります。ペットのにおいが気になる場合にも。

セージで歯磨き

ミントと一緒にドライにしてすりつぶしたものに、塩や重曹を混ぜれば、手づくりの歯磨き粉にもなります。

クラリーセージ

高さが1mにもなる大型のセージ。古くから民間療法に用いられてきた。2年草。別名オンサルビア。

トリコロールセージ

緑・白・薄紫の3色に彩られるセージ。

ゴールデンセージ

黄緑色の葉に黄色いふち取りがあり、明るい雰囲気のセージです。

強い香りには効能がたっぷり不老長寿のハーブ

ショウノウやヨモギに似た強い香りを持つハーブで、古代ローマ時代から、神経のバランスを整え、免疫力を高める薬草として使われてきました。殺菌、強壮作用が強いので、喉の痛みや口内炎などの口腔トラブルのときは、ハーブティーをマウスウォッシュ代わりにして。ラムや内臓料理の臭み消しにもよく使われます。細かく刻んだセージとバターを練って作るセージバターは、ふかしたじゃがいもやパスタとも好相性。女性ホルモンに似た作用もあるため、更年期のイライラや不安、生理痛の緩和にも効果的といわれています。

セージティーの利用方法

濃く煮出したティーでヘアケアを。頭皮の状態を健康にし、白髪を改善するといわれています。

セージの葉1枚で

熱い中国茶に葉を1枚入れると、味が締まっておいしくなります。黒ビールに浮かべても。

ガーデンセージ

セージ風味の鶏ハム

材料（作りやすい分量）

- 鶏むね肉…1枚
- はちみつ…小さじ1
- A 塩…小さじ1強
- A こしょう…小さじ1
- セージの葉…2～3枚

作り方

1. 鶏むね肉にはちみつを塗り、Aをすり込んでセージの葉とともに密封袋に入れ、冷蔵庫に2日おく。
2. 冷蔵庫から取り出したら軽く水洗いをし、30分～1時間ほど水につける。
3. 沸騰した湯に2を入れ、煮立ったら火を止めてふたをし、汁ごと6時間ほどおく。

栽培と収穫

蒸し暑さを避けて3年ごとに株の若返りを

植えつけ

大きく育つので大きめの鉢に、地植えなら30cm以上の株間をとって植えます。植えつけ後に摘芯を1～2回すると茎葉がふえて、草姿が整います。

育てる環境～収穫

暑さ寒さに強く丈夫ですが、蒸し暑さには弱いので、水はけの良い用土で日当たりの良い場所で風通し良く育てます。茂り過ぎると日光が良く当たらず、通風も悪くなるので、収穫をかねてまめに茎葉を切りましょう。

株の更新

植えたままだと生育が悪くなり、下葉が落ちます。3年に一度はさし木や株分けで株をリフレッシュします。

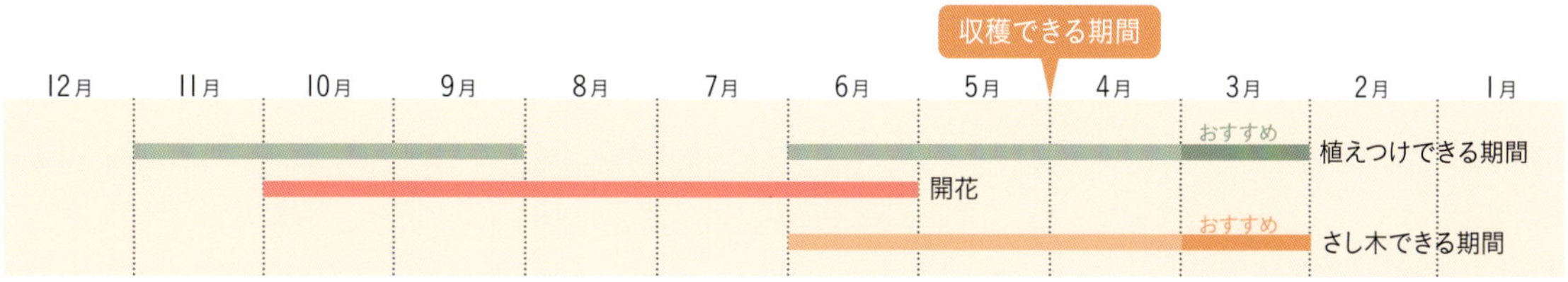

おすすめの収穫期間は6～7月

真夏は、鉢植えは涼しいところに移動。庭植えは蒸れに注意しましょう

レモングラス

科名／イネ科オルガヤ属
原産地／熱帯アジア

香りのよいワイン

白ワインに一日漬けこんでおくと香りがうつり、さわやかなワインに早変わりします。

レモンの香りが心身ともにほぐしてくれる

インドでは古くから感染症や解熱作用のある薬草として使われてきたハーブです。近ごろは、タイ料理の「トムヤムクン」に使われるハーブとして知られるようになりました。葉は、すすきのように細長く、さわやかなレモンの香りで、香水や石けんなどにもよく使われています。ティーにするときは、香りの強い根元の部分から切って使いましょう。葉をそのままお風呂に入れると、疲労回復やリフレッシュ効果があります。よく繁茂《はんも》し、虫よけ効果もあるので、ほかのハーブと一緒に植えるのも効果的ですが、耐寒性が弱いので、冬越しがポイントです。

香りのよいハーブ酒

レモングラスとレモンバーベナを、砂糖とともにホワイトリカーに漬け込み、1ヶ月後に取り出します。食欲増進効果が期待できるこのリキュールは、紅茶との相性も抜群。

根元の部分は特に香りが強い。

茎も有効利用

茎は、アイスティーやカクテルを飲むときのマドラー代わりにしたり、串代わりにして味つけした豚肉を巻きつけて焼いたりと、見栄えのする使いみちも。

栽培と収穫

収穫は初夏から秋まで 冬は室内に取り込む

植えつけ

大きく育つので庭植え向きです。株間は60cm以上あけます。鉢なら直径24cm以上の深鉢に。いずれも苗の根元から10~20cmで葉を切って植えると、新しい葉が早く出ます。

収穫

株が茂ってきたら、根元から10~20cm残して上部の葉を必要なだけ収穫しましょう。8月ごろ地際から15cmほどで刈り込むと、新芽が勢いよく伸び出します。

冬越し

寒さに弱いので、霜の降りる前に短く刈って屋内へ取り込みます。地植えしたものも刈ってから掘りあげ、鉢に植えて屋内に。冬の水やりは控えめに。

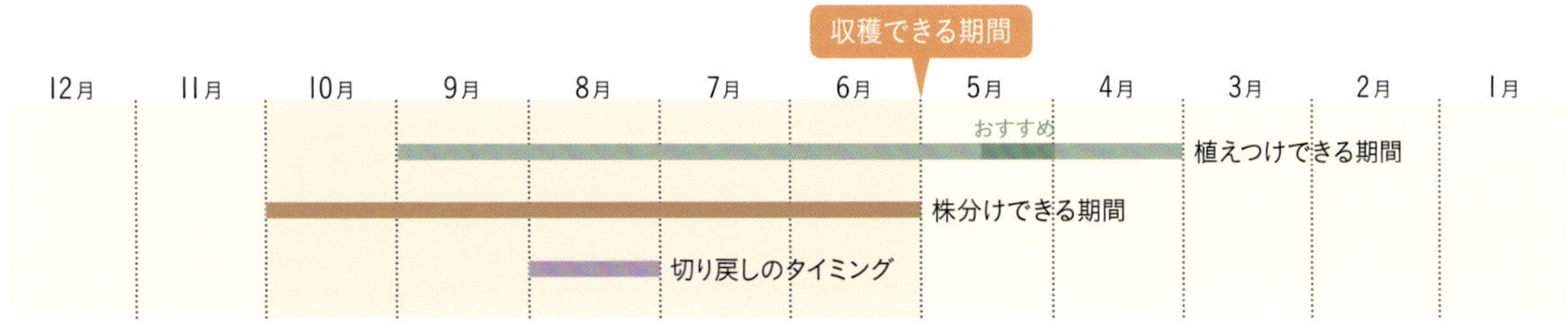

おすすめの収穫期間：7月
ポイント：10月下旬に屋内へ取り込み

チャイブ

別名／チャイブス、エゾネギ、セイヨウアサツキ、シブレット
科名／ネギ科（ユリ科）ネギ属
原産地／ヨーロッパ、シベリア

刻んで冷凍も

チャイブを細かく刻んで冷凍保存しておくと、薬味がわりに使えて重宝です。

バラとの混植に効果あり

チャイブをバラや野菜などと一緒に植えると、チャイブの香りに害虫を寄せ付けない効果があるため、生育が良くなるといわれています。チャイブは家庭菜園にも欠かせないハーブです。

繊細な姿とネギの香りに薬効たっぷり

ネギの仲間ですが、香りはネギよりも穏やかで、フランスでは特によく使われるハーブです。

ビタミンA、C、鉄などとともに、香り成分の硫化アリルを含みます。硫化アリルはビタミンB_1を含む食材と一緒に取ると疲労回復効果が高まるので、鶏肉や白身魚など、あるいはチーズ、バター、生クリームなどの乳製品に合わせると良いでしょう。華奢な姿をいかした使い方のほか、刻んで薬味のように使っても。ほかのハーブとも合わせやすいので、ポンポンのようなかわいい花とともにサラダに散らすのもおすすめ。

花の使い方

小さな花が複数かたまって球状についています。トッピングには1つずつ離して使うと良いでしょう。

ビシソワーズには欠かせない

フランスではシブレットの名で呼ばれ、最も人気があるハーブといえます。冷たいスープであるビシソワーズのトッピングには不可欠で、彩りと風味を添えています。

白花種

チーズやバターに練り込んで

細かく刻んでクリームチーズに練り込み、フランスパンやクラッカーを添えれば、ワインのおつまみに。チャイブバターはゆでたじゃがいもにつけると絶品。使い勝手がよいチャイブマヨネーズもおすすめです。

栽培と収穫

切って新芽を伸ばし株分けでリフレッシュ

植えつけ

細い苗は5～6本まとめて植えると、生育が良くなります。大きめの苗なら、葉と根を両方とも半分くらいに切って植えつけましょう。地植えの株間は20cmくらい。

水やり～冬越し

乾燥が苦手で、水切れすると葉が折れたり変色します。表土が乾いたらたっぷり水を与えましょう。冬に地上部が枯れても根は生きているので、乾いたときは水やりを。

収穫～株分け

葉の長さが20cmほどになったら、地面から2～3cmで刈り取って利用します。切ることで新しい葉が伸び出ます。株が混み合うと勢いがなくなるので、鉢植えは毎年植え替え、地植えも2～3年ごとに株分けしましょう。

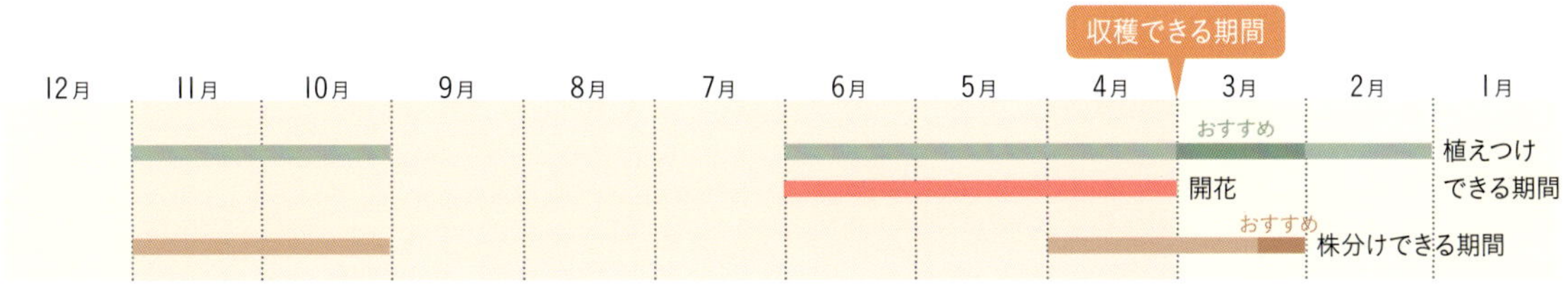

おすすめの収穫期間：4月中旬～5月中旬

フェンネル

和名／ウイキョウ（茴香）、ショウウイキョウ（小茴香）
フランス名／フユイヌ（fenouil）
イタリア名／フィノッキオ（Finocchio）
科名／セリ科ウイキョウ属
原産地／地中海地方

黄色い小花が集まって咲き、その後長さ1cmほどの実（種）を結びます。

タネは万能

インド料理店のレジ脇に置かれるお口直しは、「ソーンフ」というもの。フェンネルの種を煎って砂糖をまぶしてあり、口臭防止にもなるとか。その他、ザワークラウトやピクルスのスパイスにしたり、パンやケーキの香りづけにも。

羽のような姿で甘い香りを放つ魚のハーブ

日本では「ウイキョウ」という名前で知られ、もっとも古くから栽培されているハーブのひとつです。古代ローマ人は整腸作用と視力回復の力があるとして携帯していたといいます。羽根のように細くてやわらかい葉は「フィッシュハーブ」ともよばれ、魚の生臭さを消すために用いられています。柑橘系のものと相性が良いので、レモンやオレンジとともにマリネやドレッシングにしても。黄色い花も葉や茎と同じ香りで甘みがあるので、エディブルフラワーとして使われます。アネトールという成分を含む種子には、咳止めや関節痛の改善作用も。

咳にフェンネルティー

風邪をひいたらはちみつ入りのフェンネルティーを。独特のスパイシーな香りには咳止め薬にも使われるアネトールが含まれています。生の葉で淹れたティーは種のティーに比べて飲みやすく、マイルドでフルーティー。二日酔いにも効果があるとか。

フローレンスフェンネル

フェンネル

乳製品との相性がいい

フェンネルを塩、コショウのみで味つけした牛乳で煮ます。あっさりしていますが、フェンネルの甘い香りが移っておいしくいただけます。ホワイトソースとの相性もよく、根もとの太った部分をグラタンに入れると最高。リコッタなどのクリームチーズに混ぜ、はちみつと一緒にいただくのも絶品です。

セリ科のハーブ

コリアンダーやディルなど同じセリ科のハーブを近くに植えると、交雑してしまい、せっかくの香りが弱くなってしまうので、要注意です。

栽培と収穫

高くてもスリムな草姿 一年中収穫できる

植えつけ

大きな苗は根づきにくいので、小さめの苗を植えるのがおすすめです。細根が出にくいため根鉢をくずさないようにしましょう。横には広がりませんが、高く育つので大きめの深鉢か、地植えで株間を60cmあけます。

収穫～切り戻し

草丈20cmほどになったら茎葉を収穫できて、冬も地上部が残れば1年中利用できます。ただ、開花後は風味が落ちるため、盛夏前に株元で切り戻すと、初秋にまた新葉が収穫できます。

株分け

2年以上育てて大株になると、株元に子苗が現れます。根をつけた状態で掘りあげれば株分けできます。

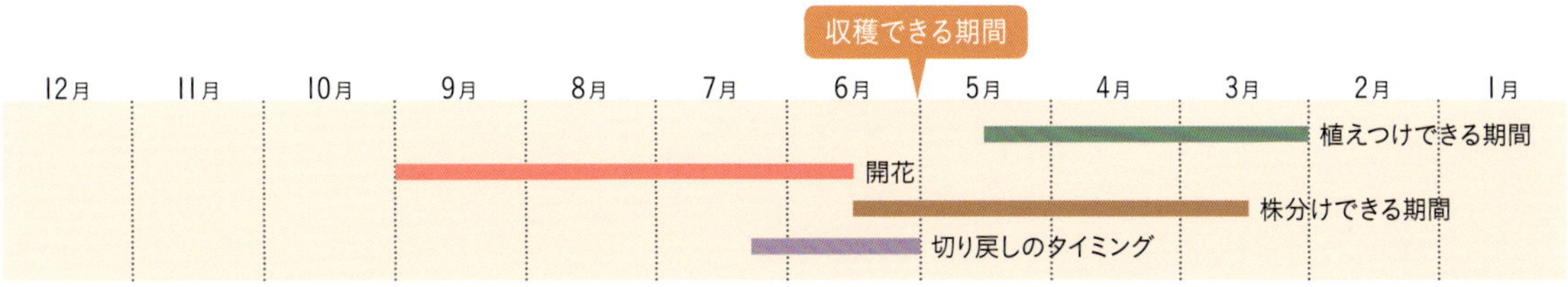

栽培のポイント：種は8月～10月に収穫できます

レモンバーム

別名／メリッサ、ビーバーム
和名／セイヨウヤマハッカ（西洋山薄荷）
科名／シソ科メリッサ属
原産地／南ヨーロッパ

茎の部分は苦味があるので、葉の部分でお茶を楽しみます。

レモンの香りのハーブティーで若返りを

白く小さな花には蜜があり、ミツバチが寄ってくることから、ギリシャ語でミツバチを意味する「メリッサ」という学名がついたといわれています。脳の活性や強壮作用があるとされ、若返りのハーブとも呼ばれています。ミントのような葉にはさわやかなレモンの香りがあり、ハーブティーや入浴剤、料理の香りづけなど、さまざまな用途が。レモンバームをウォッカや焼酎で漬けこんだチンキは虫さされのかゆみ止めになり、雑菌の繁殖を抑えてくれます。繁殖力が強く、ほとんど手間をかけずに育つハーブです。

くせがないレモンバームティー

気分が滅入ったとき、心がざわつくときにレモンバームティーを飲むと、落ち着きます。また、高血圧の改善にも。

砂糖漬け

砂糖漬けにしておくと保存が効きます。そのままおやつにしたり、紅茶に入れたり、クッキー生地にのせて焼くのもおすすめ。

スイーツ作りの裏技に

ゼラチンを溶かすとき、レモンバームの葉数枚を入れて香りをつけると、風味が移りワンランク上のおいしさに。カスタードクリーム作りでも。

栽培と収穫

間引きながら育てていつでも収穫できる

植えつけ

生育旺盛なので、地植えなら株間を50cm以上とり、鉢植えなら直径18cm以上の鉢に植えましょう。苗を半分ほどに切り詰めて植えると、脇芽が伸びて茎葉が早くふえます。

育てる環境

日当たりから室内の窓辺まで適応しますが、夏の強光線で葉焼けすることもあるため、できれば盛夏は半日陰に。小さな鉢は水切れに気をつけます。

収穫～切り戻し

葉のある時期はいつでも収穫できます。よく育つので、混み合った茎は葉を4～5枚残して間引きましょう。晩秋に地上部が枯れたら短く刈り込むと、翌春にまた新芽が出ます。

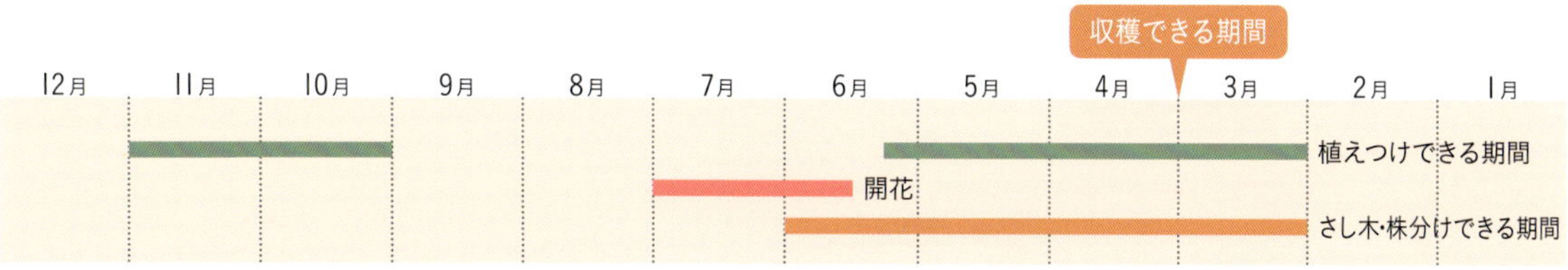

栽培のポイント：葉がある時期はいつでも収穫できます

ショウガ（ジンジャー）

和名／ショウガ（生姜）
科名／ショウガ科ショウガ属
原産地／インド、中国

レモンとジンジャー

レモン1個は皮をよく洗って薄い輪切り、しょうが50gもよく洗って皮付きのまま薄切りにします。保存びんにショウガとレモンを重ね入れ、はちみつ200gを加えてひと晩ねかせたら出来上がり。お湯や炭酸水で割ってドリンクにするほか、そのままヨーグルトなどにかけてもおいしいシロップです。

保存方法

ショウガを洗ってびんに入れ、浸るくらいの水を入れて冷蔵庫へ。2〜3日おきに水を替えれば1ヶ月ほど保存できます。

ショウガの効能

ショウガの根茎は、漢方薬としても利用されます。発散作用、健胃作用、鎮吐作用があるとされ、風邪の初期症状や胃腸機能の機能低下防止に使われます。ショウガを加えた葛湯は、体を温めて免疫力を高めるので、風邪のひきはじめにおすすめです。

半日陰でも作りやすい温感ハーブ

日本では、薬味や下味をつけるのに欠かせない食材で、ガリやはじかみとして甘酢漬けにするのも一般的です。成分のショウガオールには辛味があり、血液の循環を良くし、からだを温める効果があるので、風邪のときに温かい生姜湯を飲む風習も。ただし、生のショウガには解熱作用があり、からだを冷やすので、体調によって使いわけましょう。抗菌作用も高く、寿司や刺身と一緒に食べる習慣もあります。みりんとしょう油で味つけした千切りのショウガを合わせて炊いたごはんは風味が良く、食欲のないときにもぴったりです。

ショウガ祭り

薬効が高いショウガは魔除けになるといわれ、ショウガ市を開く神社があります。東京都港区の芝大神宮で10日間にわたって続く例大祭は、別名「生姜祭り」「生姜市」と呼ばれています。かつてこの一帯が一面のショウガ畑で、ショウガの屋台が多くあったことから、今も大祭のときには境内にショウガ小屋が立てられ、奉納ショウガの無料配布や御膳ショウガの販売を行っているそうです。

葉ショウガ

葉ショウガは、みそをつけてかじったり天ぷらにしたり、根に豚肉を巻いて焼く料理方法も。

種ショウガと新ショウガ

ショウガは春に種ショウガを植えつけると、そのショウガの上に新しいショウガができます。収穫したての新しいショウガは「新ショウガ」と呼ばれますが、時間が経つうちに「ひねショウガ」と呼ばれるようになります。一方、初めに植えつけた種ショウガは、今度は「親ショウガ」と呼ばれます。親ショウガは薬効は強いのですが、繊維質でかたいので、おもに業務用に使われています。

栽培と収穫

高温多湿が大好き毎年違う場所で育てよう

植えつけ

熱帯生まれなので、植えつけは遅霜のない気温20度以上を目安にします。種ショウガ約50gずつを深さ6～7cmに植えつけ、3年間は同じ場所や用土に植えないようにしましょう。

育てる環境～水やり

植えて芽が出るまで1カ月ほどかかります。25～30度でよく育ち、高温多湿を好むので乾燥させないように、地植えでも水やりしましょう。地面にワラなどを敷くのも効果的です。

収穫

夏にはやわらかい根や茎を収穫して「葉ショウガ」として楽しみ、秋には丸く太った根茎を「根ショウガ」として収穫できます。

根ショウガ

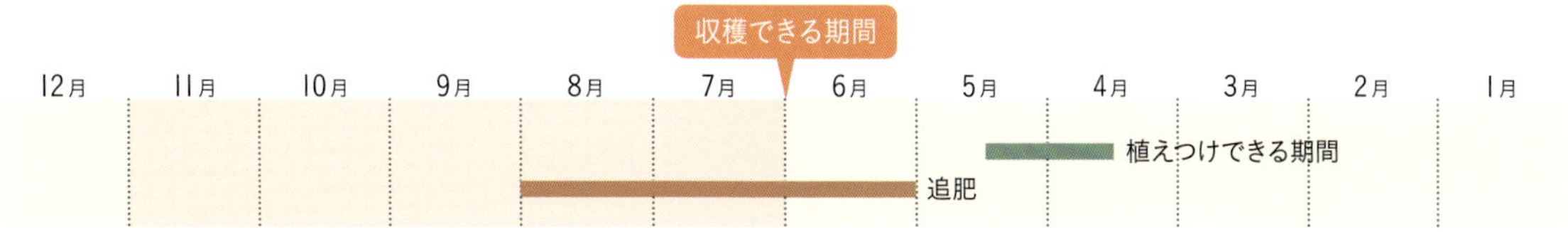

栽培のポイント：追肥は地植の株元に土を寄せる

おでんにかけるとおいしい

ショウガみそだれ

材料（2 人分）

みそ…125g
ショウガ…50g
酒・だし汁・みりん
…各 1/2 カップ

作り方

1 酒を入れた鍋を熱し、アルコールをとばす。
2 鍋にみそ、みりん、だし汁を加え、混ぜながら沸騰するまで火にかける。
3 沸騰したら火を止め、粗熱をとる。
4 洗ったショウガを皮付きのまますりおろし、鍋に加えて混ぜ合わせたら完成。

香港やマカオの名物

ショウガ牛乳プリン

材料（1 人分）

ショウガの絞り汁
…大さじ 1
牛乳…180mℓ
砂糖…大さじ 3

作り方

1 すりおろしたショウガの絞り汁をガーゼで漉し、容器に入れる。
2 室温に戻した牛乳を耐熱容器にそそぎ、砂糖を加えて軽く混ぜ、600w の電子レンジで 2 分ほど加熱する。
3 1 を軽くかき混ぜて 2 を一気に注ぎ入れる。混ぜずに蓋をして、15 分ほどおいて固める。

からだの中から温まる

鶏肉とショウガの参鶏湯

材料（2人分）

骨付き鶏もも肉
…1本
もち米…1/6カップ
長ねぎ…1/2本
おろしショウガ
…大さじ1
ニンニク…1/2片
クコの実・松の実
…各大さじ1/2
ナツメ…2個
水…700mℓ
塩…小さじ1

作り方

1 もち米は洗って水に1時間ほど浸す。長ねぎは斜め薄切りにする。
2 鍋にすべての材料を入れて火にかけ、煮立ったら弱火にして1時間ほど煮込む。
3 鶏肉を取り出し、骨を除いて肉をほぐす。鶏肉を戻し、好みで塩、コショウをふる。

手作りジンジャーシロップ

材料（作りやすい分量）

ショウガ…3片
はちみつ…40g

作り方

1 ショウガは皮を除いて薄切りにする。
2 保存びんに1とはちみつを入れ、半日以上おく。

手作りジンジャーエール

材料（1人分）

ジンジャーシロップ
…大さじ1
炭酸水…120mℓ

作り方

グラスに氷、シロップ、炭酸水適量をそそいで混ぜる。

ショウガの佃煮

材料（2人分）

ショウガ…200g
しょう油…大さじ2
酒、みりん、はちみつ
…各大さじ1

作り方

1 ショウガは皮を除いて薄切りにする。
2 鍋に1、しょう油、酒、みりん、はちみつを入れ、弱火で煮汁がなくなるまで煮る。

※ショウガを下ゆでしておくと辛みが弱まる。

ハーブの乾燥と保存

乾燥のしかた

ハーブを乾燥させるのに最も一般的な方法は、風通しの良い場所で自然乾燥させることです。しかし、湿度の高い日本の気候ではドライになるまでに何日もかかり、その間に香りや色が損なわれることも。ここでは、より手軽に、短時間で乾燥できる方法を紹介します。

●電子レンジを使う方法

収穫したハーブをクッキングペーパーの上に重ならないように広げ、電子レンジで加熱。目安は５００Ｗで3分程度です。途中で様子を見て、乾きにくいところをひっくり返しながら、パリパリになるまで加熱します。焦げてしまわないように注意します。

●夏の車を利用する方法

夏場限定の方法ですが、車の中でもハーブの乾燥が行えます。収穫したハーブを大きめの紙袋に入れ、日向に停めた車の中におきます。窓を閉めておけば夏の車中の温度は50度を超え、1日でたくさんのハーブを乾燥させることができます。

●ハーブを上手に乾燥させるコツ

刈り取ったハーブを洗ったあとは、水気をよく取りましょう。水気がついたまま乾燥させると、黒いシミができてしまうことがあります。

できれば、茎を取って葉だけ乾燥させると良いでしょう。茎は水分を多く含むので、葉だけにすればより早く乾燥させることができます。

ドライハーブを保存するとき、最も気をつけなければならないのは「湿気」です。乾燥剤を入れた密閉容器に保管し、冷暗所におきます。冷蔵庫に入れると、取り出したときの温度差で湿気てしまうので、なるべく室温で保存するようにしましょう。

●容器について

ドライハーブを保存するには、ガラス製の密閉容器が最適です。袋を使うなら、ジッパー付きの保存袋が便利。

●乾燥剤について

乾燥剤は市販もされていますが、食品などについているシリカゲルは、再利用できます。シリカゲルを袋から出し、皿に移して電子レンジで加熱します。ピンク色から透明になれば吸湿力が復活した証拠。事故の原因になるので、加熱のし過ぎには注意が必要です。

同じ乾燥剤でも、石灰乾燥剤は再利用することはできません。

ハーブティーの基本

フレッシュ＆ドライで幅が広がります

ハーブを育てたら、ぜひ試したいのがハーブティー。とれたてのフレッシュなハーブと、香りが凝縮されたドライのハーブを合わせてハーブティーにすれば、より深い味わいが楽しめます。

ハーブの組み合わせを考えるのも、ハーブティーの楽しみのひとつです。ペパーミントのフレッシュに、ジャスミンやレモングラスのドライを合わせれば、それぞれで味わうのとは違った、奥行きのあるおいしさに。

いろいろな組み合わせを試して、お気に入りのブレンドを見つけてみましょう。

継続して飲むことで、だんだんと変化を感じるようになるでしょう。

フレッシュ＆ドライ ハーブティーのいれ方

1 ドライハーブは、ティースプーン山盛り1杯で1人分。フレッシュハーブは、その3倍の量を1人分の目安として、人数分ティーポットに入れます。（ラベンダーなど、香りの強いものはティースプーン1/3を1人分の目安として調整してください。）

2 1人分150ccを目安に、お湯をポットに注ぎます。香りや有効成分が逃げないように、素早くふたをします。

3 やわらかい花や葉なら3分、実や根など少し堅い部分は5分ほど蒸らし、カップに注いでいただきます。ハーブティー独特の風味を損なわないためにも、蒸らす時間は10分が限度。濃いティーを作りたいときは、ハーブの量を多めにします。

おすすめの組み合わせ

胃腸の疲れに

ペパーミント、タイム、レモングラス、ジャスミン、ジャーマンカモミールは胃腸をすっきりさせてくれるハーブです。好みのものをブレンドし、空腹時に飲みましょう。

ハーブオイルとハーブビネガー

使い方

《ハーブオイル》
ソテーした肉や魚に香りオイルとして振るとおいしい。ドレッシングやパスタにも。

《ハーブビネガー》
ドレッシングやマリネ液に。炭酸水で割ってはちみつを加えれば、さっぱりとしたドリンクになります。

注意点

- ハーブに水気が残っているとオイルやビネガーが傷む原因になるので、少し乾かすくらいにすると良いでしょう。
- ハーブが空気に触れていると、カビが発生する原因となるので注意。つけ始めの１～２日はハーブが浮いてくるので、様子を見て浮いていたら沈めます。
- 香りが移ったあともハーブをつけたままにしておくと、色が汚くなったり、濁ったりします。取り出したハーブは料理に使うと良いでしょう。

材料

ハーブオイル

ローズマリー…１枚
ニンニク…１かけ
ローリエ…１枚
オリーブ油…150mℓ

＊その他おすすめハーブ
バジル、セージ、
フェンネル、タラゴン、
ディルなど

ハーブビネガー

タイム…２枚
バジル…１枚
酢…150mℓ

＊その他おすすめハーブ
パセリ、オレガノ、
ローズマリー、ディル、
セージ、ミント、
フェンネル、レモンバームなど

作り方

1. ハーブはよく洗い、完全に水気を切る。香りを出すために軽くもみ、消毒した保存びんに入れる。
2. オリーブ油または酢を静かに注ぎ、ハーブが液から出ないように沈める。
3. 直射日光が当たらない場所におき、ときどきゆすって香りを引き出す。１週間ほどで良い香りが移り、２週間くらいで香りが酢になじむ。好みの加減になったらハーブを取り出す。

PART 3

木本のハーブ

SHRUBBY PERENNIAL

木本の基本

木本《もくほん》とは草本《そうほん》（＝草）に対する言葉で、木のことを指します。代表的な木本ハーブであるラベンダーは、収穫後に刈り込むため、背丈は毎年ほぼ変わりません。クリーピングタイムのように背丈が伸びないものもあります。どちらも、新しい枝のうちは草のようにやわらかく、古くなると木化するのが特徴です。

木本には一年中葉をつけている常緑樹と、冬の休眠期に葉を落とす落葉樹があります。また、高さは数cmのものから、30m以上になるものもあります。オリーブは常緑高木、サンショウは落葉低木と分類されます。

苗木について

木本の苗木は1年中流通しています。1～2年目の幼木はポット苗とよばれ、大きくなるまでには時間が必要です。数年間育ててある大苗は価格も高めですが、すぐに収穫できるというメリットもあります。

落葉樹は晩秋から早春に出回りはじめ、常緑樹は春先から多く出回ります。樹形や葉のツヤなどを確認し、春の適期の間に植え替えてやります。

●苗木選びのポイント

株元にぐらつきがなく、根がしっかり張っているものを選びます。ぐらつくものは根腐れを起こしている場合があります。葉の色が薄かったり、枝が細いものは、日当りが悪い場所で管理されていた可能性があり、その後の生育が思わしくないかもしれません。葉先が枯れている場合は、根に障害がある可能性もあるので、避けた方が良いでしょう。できれば品揃えが多い販売店で、自分の目で確かめて健康な苗木を手に入れたいものです。通信販売で購入する場合は、信頼がおける店舗を選びましょう。

●植えつけ時の注意

ポットから苗を取り出して、根が回り過ぎてかたまっていたら、根の先の3分の1ほどのところにハサミを入れるか、手で軽くほぐしてから植えつけます。こうすると、新しい根が伸びやすくなります。

●植え替えは定期的に

鉢植えの木本ハーブは、1～2年で根が張って、生育が悪くなります。葉のつやや香りもなくなってしまうので、定期的に植え替えを行いましょう。

植え替える場合、ひと回りかふた回り大きな鉢を選びましょう。同じサイズの鉢を使う場合は、根鉢を崩し、ていねいに根を整理してから、新しい土を使って植え替えます。枝も切り戻しをし、全体のボリュームを少し小さくします。

ローズマリー

別名／マンネンロウ（迷送香）
科名／シソ科マンネンロウ属
原産地／地中海沿岸

ローズマリーの花から採れたはちみつは、やさしい甘さで香りがよく、最高級とされています。

ヘアケアに

頭皮のかゆみや白髪の防止にも有効です。濃いめに入れたローズマリーティーを冷まし、りんご酢少々を加えて、トリートメントとして使いましょう。

ドライローズマリー

乾燥させても強い香りが残るので、ポプリに向いています。芳香だけでなく防虫効果も。また、みじん切りにしておき、ローストポテトにまぶしたり、パンやケークサレに練りこんだり、フリッターの衣に入れたりと、広く料理に使うことができます。乾燥させた茎はBBQの串代わりに使っても。

針葉樹のような深い香りに若返り効果が

トゲのようなかたい葉は薬効が高く、炎症を抑えたり、消化不良の改善に良いとされています。抗酸化作用があるロズマリン酸は、アンチエイジングや花粉症の症状軽減にも有効であることが広く知られています。葉は肉料理や煮込み料理のときに欠かせないハーブで、ローズマリーの枝を漬け込んだオリーブ油は、魚や肉のグリルに使ったり、パンや温野菜を食べるときのソース代わりにもなり、重宝します。独特の強い香りがするので、控えめに使うと良いでしょう。消臭剤の代わりにリースにして飾るのもおすすめ。

ハンガリーウォーター

17世紀、ヨーロッパで作られたハンガリーウォーター（あるいはハンガリー水）は、ローズマリーをアルコールと一緒に蒸留したリキュールで、薬酒や香水として利用されていました。薬効は、神経痛、手足のしびれ、めまい、だるさ、頭痛、イライラ、耳鳴り、視力低下、血栓などの諸症状の改善があるとされ、こめかみや胸に塗って鼻から吸引するか、ワインやウォッカに混ぜて内服されていました。何度も蒸留して作る方法は技術的に難しく、手間もかかるため、本来のハンガリーウォーターは大変高価なものです。そのため、現在は、ローズマリーをアルコールに漬けたチンキや、アルコールや水に精油を少量混ぜたものが、ハンガリーウォーターとして一般的に売られています。

ローズマリーの品種

❶マヨルカピンク、❷レックス、❸マリンブルー、❹パイン、❺ミスジェサップ、❻ゴジアテ

栽培と収穫

枝を老化させないように刈り込んで、1年中収穫

植えつけ

立ち性と這い性、中間タイプの品種があります。這い性は吊り鉢や花壇からしだれるように仕立てるのもおすすめ。鉢なら苗よりふた回りほど大きなサイズに植え、地植えでは株元をやや盛り上げて水はけよく植えます。

収穫

樹高20cmほどになったら収穫できます。枝のつけ根から5cmほど上で切ると、残した枝から新芽が伸びます。

刈り込み～さし木

枝が混み合うと内部が蒸れて下葉が枯れやすく、放っておくと枝が老化して新芽が出にくくなります。古い枝は春にばっさり刈り込んで、かたく充実した枝はさし木にしましょう。

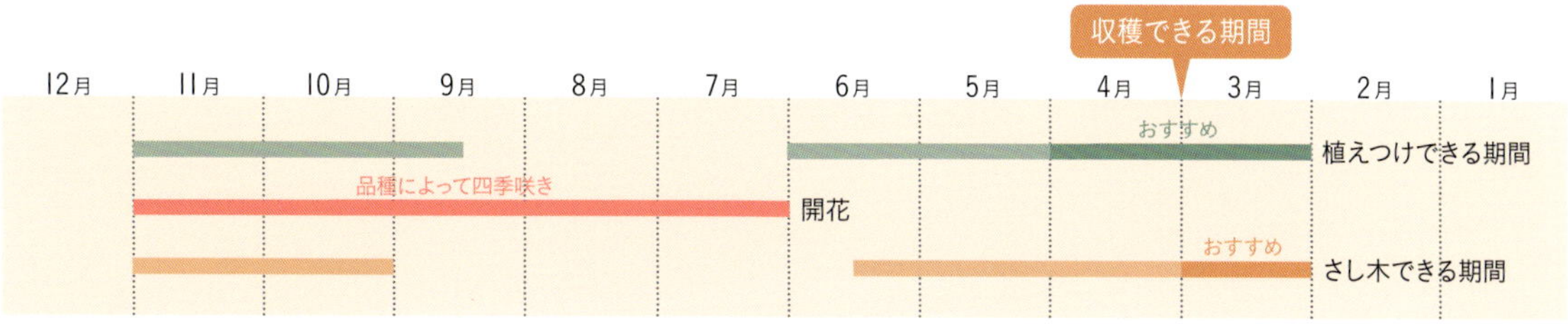

収穫のポイント：暑い時期の収穫はなるべく避けましょう

タイム

科名／シソ科イブキジャコウソウ属
原産地／ヨーロッパ、北アフリカ、アジア

クリーピングタイム

這って伸びるタイプのクリーピングタイムを庭の植栽に。グランドカバーとして植えておけば、触れたり踏んだりするたびに、香りが漂います。

レモン・タイム

シルバー・タイム

立ち性。葉の緑にシルバーのまだらが入り、秋〜冬には薄紫色に紅葉します。

保存食にも煮込み料理にもひと枝のタイムを

抗菌作用が高いチモールという成分を多く含むハーブで、古代エジプトではミイラの防腐や保存の目的のために使われていました。薬効は花が咲き始めるころがいちばん強いといわれています。肉や魚料理に良く合いますが、熱をくわえても香りが変わらないので、煮込み料理のブーケガルニとしてよく使われます。アレルギー性鼻炎の緩和作用があるので、熱湯に葉を浸して蒸気を吸いこむと、喉や鼻の痛みを和らげてくれます。花粉症がひどいときには、タイムティーでうがいをすると良いでしょう。夏の湿気と暑さに弱いので、水のやり過ぎに注意して。

水回りのクリーナーにも

タイムを殺菌作用がある酢に漬け込み、タイムビネガーを作ります。ドレッシングなどの食用にするだけでなく、薄めてスプレーすれば、シンク周りの水垢落としにも使えます。

お弁当にひと枝

タイムの枝を洗ってしっかり水気を取り、少しもんでお弁当に入れれば、防腐効果が。ペットの飲み水にひと枝浮かべてもよいでしょう。

試験前にはタイムティー

脳細胞を活性化し、集中力を高める効果があるタイムティーは勉強前にぴったり。風味が強いのではちみつを加えると飲みやすくなり、喉のケアにもなります。

栽培と収穫

乾燥気味がお気に入り 蒸れないように刈り込み

植えつけ

生育旺盛なので3号ポット苗なら直径12cm以上の鉢に、4号苗なら半分に割ってから直径20cm以上のサイズに植えます。地植えなら土を盛り上げ、株間を10～20cmとって植えましょう。

収穫～水やり

若い茎葉をそのまま利用したり、指先で葉をしごきとります。花を収穫したあと、蒸れやすいので株を刈り込みます。乾燥気味を好むので、表土がよく乾いてから水やりします。

刈り込み～さし木

茂り過ぎると蒸れて株元から枯れるので、葉を数枚残した位置で刈り込みましょう。刈った枝はさし木できます。

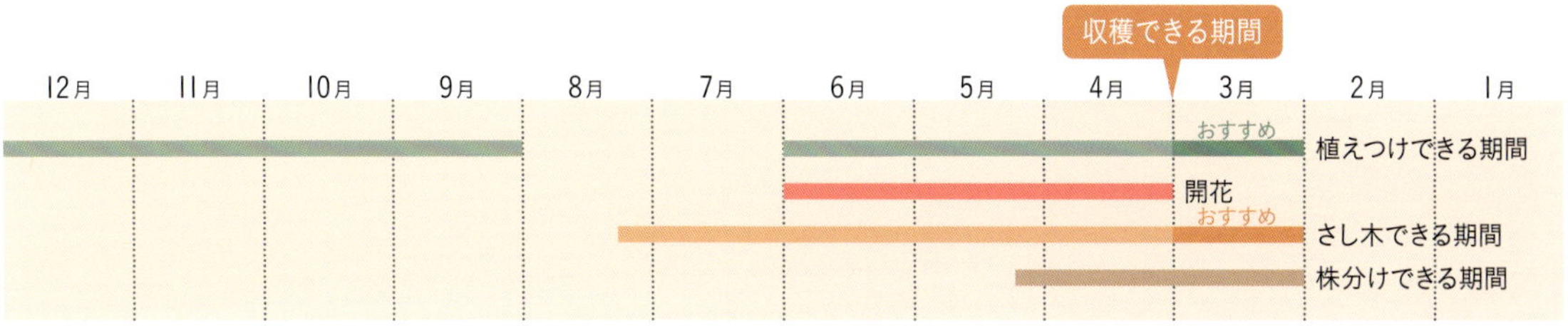

収穫のポイント：周年収穫できますが、おすすめの収穫期間は4月です

タイム図鑑

枝がまっすぐに伸びる立性タイプと、
地面を這って伸びるタイプがあります。

フレンチ・タイム

立ち性。コモンタイムの選抜種で、ピリッとした風味と豊かな香りが特徴です。防腐効果も高くスパイスとして料理に使う場合はコモン・タイムよりおすすめです。

クリーピング・タイム

這い性。高さ10cmほどで横に這うように広がります。初夏、小さなピンクの花が一面に咲き競い、白や赤の花をつける品種もあります。別名で「ワイルドクリーピング・タイム」、「マザーオブタイム」、「マザーズタイム」とも。

ポット・タイム

ピリッとした風味と抜群の香りがあります。コモン・タイムと同様防腐効果が高く、肉や魚料理に使えます。

シルバーレモン・タイム

立ち性。シルバーの斑が入った葉が人気です。花は淡いライラック色で全草からレモンの香りが漂います。シルバーガーデンやコンテナガーデンに。

フォクスリー・タイム

這い性。クリームの斑が入ったダークグリーンの葉が特徴でタイムの中では比較的大きくなります。夏の間中ディープピンクの花穂が咲きます。

ドーンバレー・タイム

這い性。あざやかな黄色の斑入りの葉が特徴です。全草は強いレモンの香り。夏に小さいピンク花が咲きます。

レモン・タイム

立ち性。コモン・タイムと並び、人気種のひとつです。グリーンの葉で淡いピンク色の花が密集して咲き競います。レモンの香りがします。

ラベンダー・タイム

這い性。ラベンダー色のかわいい花が咲き、ラベンダーの香りがします。

ゴールデンレモン・タイム

這い性。黄金色の斑入り葉と淡いピンク色の小さな花を咲かせます。全草にレモンの香りが強い品種です。

コモン・タイム

立ち性。タイムの代表種で、淡いピンク色小さな花をびっしりと咲かせます。タイムの中でも最もピリッとした辛味が強く、フランス料理のブーケガルニやハーブミックスサラダに欠かせません。

すがすがしい香りの小枝はスープやシチューなどに使う「ブーケガルニ」に。防腐力や殺菌力もあるので魚や肉の保存にも最適。

サンショウ（山椒）

別名／サンショウペッパー、ハジカミ
英名／ファガラ
科名／ミカン科サンショウ属
原産地／日本、朝鮮半島南部

実をつけるのは雌の木だけ。

大きな葉は乾燥させて

大きくてかたい葉は乾燥させ、すり鉢ですっておきましょう。ふりかけに加えたり、うどんやそうめんの薬味にも。

サンショウみそ

刻んだ葉をみりんやしょう油、みそで煮込んでつくるサンショウみそは風味がよく、焼き魚にかけたり、おにぎりに混ぜたりして、おいしくいただけます。

さわやかな辛みと芳香で内臓の活性化を

古くから日本で親しまれてきている和ハーブのひとつで、ぴりっとしたさわやかな辛味があります。辛味成分のサンショオールには、内臓の活性化や解毒、殺菌の効果があり、生薬としても処方されています。若芽は「木の芽」と呼ばれ、焼き物や煮物の彩りや、木の芽みそに。初夏になる青い実はしょう油や塩で漬けて保存食にすると良いでしょう。秋になり、赤くなってはじけた実の外皮をすりつぶしたものが、粉サンショウです。ただし、サンショウの木には雄雌があり、一本だけ植えても実はなりません。

実サンショウの下処理

枝から外してよく洗った実サンショウをたっぷりの湯で6～7分間ゆでましょう。指の腹でつぶれるくらいのかたさがベストです。ゆであがった実は1時間くらい水にさらしておきます。途中で何度か水を替えましょう。アクがなくなったらできあがり。水気をよく切り、すぐに使わない場合は冷凍保存を。

サンショウの香りで本格的な味に

マーボー豆腐

材料（2人分）

- 豚ひき肉…200g
- 絹ごし豆腐…1丁
- 長ねぎ…10cm
- A ニンニク…1片
- A ショウガ…1片
- A 豆板醤…小さじ1
- 鶏がらスープの素…小さじ1/2
- B しょう油…大さじ2
- B 水…50mℓ
- 片栗粉…大さじ2
- サンショウ（粉末）…小さじ1/2
- サラダ油…大さじ2

作り方

1. 絹ごし豆腐は2cm角に切り、ねぎ、ニンニク、ショウガはみじん切りにする。
2. フライパンにサラダ油を熱し、Aを入れて中火で炒める。ひき肉を加え、ほぐし炒める。
3. Bを加えて煮立ったら、同量の水で溶いた片栗粉を回し入れ、とろみをつける。
4. 豆腐、ねぎを加えてひと混ぜし、サンショウをふる。

栽培と収穫

トゲのない雌株を選んでアゲハチョウにご用心

植えつけ

実も収穫するには雌株を選びますが、トゲのない「朝倉サンショウ」という品種は雌雄同株なのでおすすめです。厳寒期は避けた冬に根鉢をくずさないで植えつけましょう。移植は苦手です。

育てる環境～水やり

根が浅く、極端な乾燥と過湿を嫌います。とくに夏は水切れさせないように株元を敷きわらでカバーして、梅雨時は水が溜まらないように気をつけます。

収穫～病害虫

春に新芽を収穫して、7月ごろに青い果実が摘めます。熟した果実を収穫できるのは9月ごろ。アゲハチョウが卵を産む木なので、葉を食害する幼虫を見つけたら取り除きましょう。

＊水やりと敷きわらで夏の水切れを防ぎましょう。

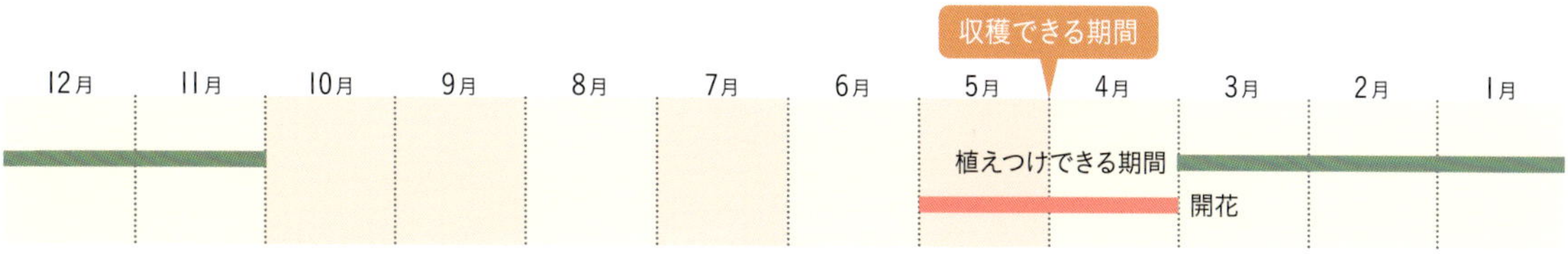

収穫のポイント：新葉は5月、青い実は7月、熟した実は9～10月に収穫できます

レモンバーベナ

別名／レモンバービナ、ヴェルヴェーヌ
和名／コウスイボク（香水木）、ボウシュウボク（防臭木）
科名／クマツヅラ科イワダレソウ属
原産地／チリ、アルゼンチン、ペルー

レモンバーベナを使ってさわやかなケーキサクレを。

だれもが憧れる品のある香りのハーブ

名前の通り上品なレモンの香りがするハーブで、鎮静作用やリラックス効果があることから、ヨーロッパでは安産のお茶として親しまれていたそうです。胃腸を整える作用があり、食後や就寝前に飲むハーブティーとして最適です。レモンバーベナティーをゼリーにしたり、パウンドケーキに混ぜて楽しむのも良いでしょう。小さな花にも香りがあるので、サラダに和えても。乾燥させて粉砕した葉と塩を合わせておくと、ゆでたまごやベイクドポテトなどのスパイスに使えます。乾燥しても長く香りが楽しめるので、サシェ（匂い袋）としてもぴったり。

ティーをアイマスクに

疲れた日は、濃く煮だしたハーブティーをコットンに染みこませ、アイマスクにするのがおすすめ。目の周りのはれが引きます。

フルーツと好相性

コンポートやゼリーなど、フルーツを使ったデザートの仕上げに使われます。甘みを控えめにして、レモンバーベナの香りを楽しみましょう。

「ヴェルヴェーヌ」

フランス人がもっとも好むハーブはヴェルヴェーヌ（＝フランス語でレモンバーベナのこと）だそうです。フレンチレストランで食後にヴェルヴェーヌティーが出てくることは多いですが、それが生葉でいれたものなら、その店は間違いなく本物でしょう。

栽培と収穫

やや寒さに弱い落葉樹 剪定で樹形をすっきり

植えつけ

鉢植えの場合、直径24～30cmの大きめサイズに植えます。ひょろひょろしやすいので、地植えでも鉢植えでも苗が小さいうちに枝先を摘み（摘芯）、枝数をふやしてがっちり育てます。

収穫～剪定

葉があるうちはいつでも収穫できます。気温が高いうちは生育旺盛で株が乱れるため、収穫をかねてこまめに枝を切り詰めましょう。切った枝でさし木もできます。

冬越し

寒さにやや弱く、最低気温が氷点下になる地域では屋内に取り込みます。5度以上を保てれば落葉しません。戸外では11月ごろから落葉するので、枝を切り戻して防寒します。

＊植えつけ直後に摘心をしましょう。

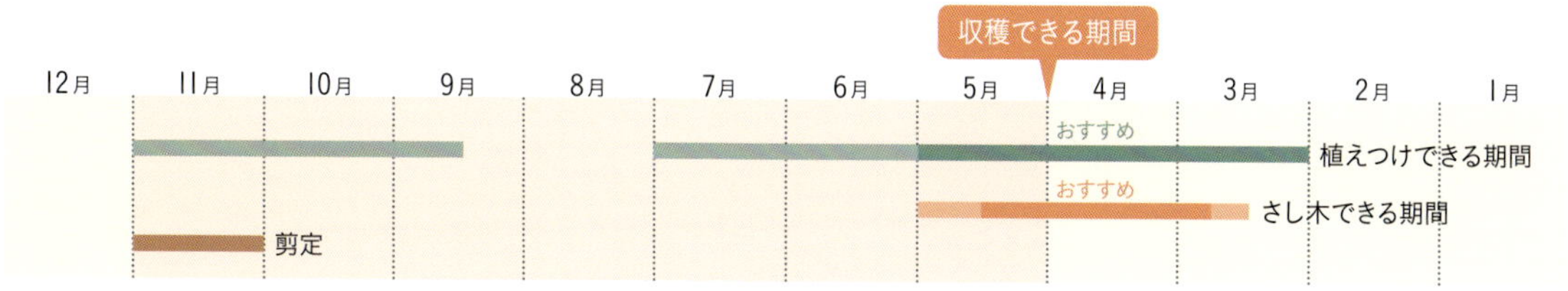

オリーブ

別名／オレイフ
科名／モクセイ科オリーブ属
原産地／西地中海沿岸

実の変化

オリーブの実は未熟なうちは鮮やかな緑色です。熟すに従い、黄色みを帯びて、赤みが差してきます。だんだん赤紫色になり、やがて真っ黒になって熟します。未熟なグリーンオリーブと、完熟したブラックオリーブを塩漬けしたものが商品化されています。

オリーブの実にはオレウロペインというポリフェノールが含まれ、強烈な渋みがあるため、生食はできません。苛性ソーダという薬品を使ってアクを抜き、塩水に漬ける方法が一般的です。

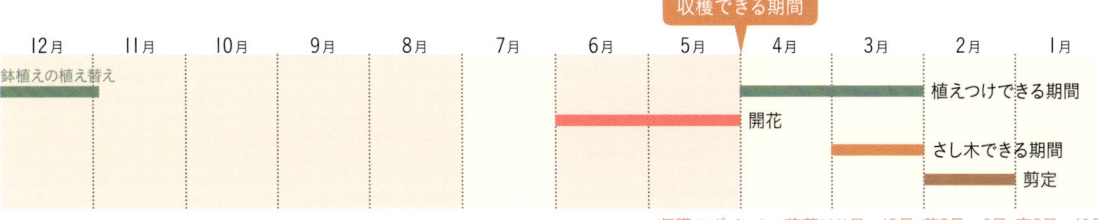

シルバーの葉色と美しい樹形で人気の庭木に

樹勢が良く、高さ10メートルにもなる木で、日本では100年近く前から香川県の小豆島で栽培されていることが知られています。観葉植物としても人気のあるオリーブですが、自然受粉しにくく、実をつけるためには、品種選びや剪定《せんてい》に注意が必要です。実には渋みがあり、そのままでは食べられません。アク抜きをして塩漬けにしたり、ほかのハーブと一緒にオイル漬けにしたりするのがおすすめ。そのままでもおつまみになりますが、オリーブの塩漬けを刻んで混ぜたおにぎりは格別です。日当りの良い場所であれば、室内での生育も可能。

リーフティー

オリーブの葉は、鉄分やカルシウム、ポリフェノールが豊富で抗酸化作用があり、天日干しにしてハーブティーとしていただくことができます。新芽であればフレッシュハーブティーにしても。血圧を下げ、循環器系の機能を改善する効果があるといわれています。

剪定した枝も有効利用

細い枝は葉を数枚つけたまま7～8cmの長さに切り、先をとがらせればピックに。リースの材料にしたり、ちょっとしたクラフトに使えます。

栽培と収穫

異なる2品種を一緒に乾燥気味の土壌がお好み

植えつけ
実をつけるには異なる2品種を近くに植えます。日当たりが良く水はけの良い場所に、苦土石灰をまいて土をアルカリ性に整えてから植えつけ。関東以北の寒冷地は鉢植えで育てましょう。

収穫～剪定
本来は樹高10～15mになる高木で、苗木を植えて3年ほどで実がなります。前年伸びた枝に翌年花を咲かせて実をつけるので、その枝を切らないように、伸び過ぎた枝や細枝などはつけ根から毎年剪定します。

水やり
乾燥気味の土壌を好み、地植えならよほど乾いたとき以外、水やりの必要はありません。

＊地植えは、苦土石灰をまいてから植えつけをしましょう。

収穫できる期間

	12月	11月	10月	9月	8月	7月	6月	5月	4月	3月	2月	1月
鉢植えの植え替え	●											
植えつけできる期間									●	●	●	
開花							●	●				
さし木できる期間										●		
剪定											●	

収穫のポイント：茎葉は11月～12月、花5月～6月、実8月～10月

受粉別・オリーブ品種

オリーブは品種によって自家結実の可否が大きく違います。
1本でも結実しやすいタイプもありますが、受粉樹が
となりにあると、異品種交配で実のつく確率が上がります。

受粉○（自家結実性のある品種）

ピクアル Picual	中型	スペイン	葉はやや薄めの緑葉でやや大きめ、実は完熟すると黒く光沢のある楕円形が特徴で、樹形がまとまる品種。自家受粉でも実をつける優れた品種です。
ルッカ Lucca	中型・早生	イタリア	自家結実性が高い品種。他の品種の受粉樹としても利用できます。樹勢が旺盛でオリーブらしい美しい樹冠を形成します。実は小ぶりで、葉は卵型に近い幅広の葉型。
ワン・セブン・セブン One seven seven	中型・早生	イタリア	早生品種で実は小さめ、実つきは良い優れた品種です。葉は大きく銀色で美しい品種。
ペンドリノ Pendolino	中型	イタリア	トスカーナ地方ではオリーブオイルの主要品種。 実は楕円形で小中型、樹形は開帳型です。
オークラン Aucklan	中型	ニュージーランド	自家受粉で実をつける優れた品種。寒冷地での栽培は難しい品種です。
クライスト Christ	小型・早生	ニュージーランド	ニュージーランドで改良された、自家受粉も可能な優れた品種。樹木は小型で生長は早いのですが、寒冷地での栽培は難しいでしょう。

受粉△（やや自家結実性のある品種）

アーベキーナ（アルベキナ） Arbechina	小型	スペイン	コンパクトな葉が密に育つ希少品種で果実も小型ですが、「すずなり」に実がつきます。発芽性もよいので刈り込むと密な樹形になります。
フラントイオ Frantoio	中型	イタリア	原産地はトスカーナ、中部イタリアでは最もポピュラーな品種。生育はやや遅めです。
コラティーナ（コラチナ） Coratina	中型・早生	イタリア	実が早くつく早生品種で中型。葉は細長く大きめです。
レッチーノ Leccino	中型	イタリア	トスカーナ地方原産で、気候の変化にもよく順応する品種。葉がコンパクトで、病害虫にも強い品種です。
マウリィーノ Maurino	中型	イタリア	実はやや小ぶりな楕円形で、成熟は早い。レッチーノやフラントイオ、チプレッシーノ、モロイオロ、ペンドリノなどとの交配でよく結実します。
パラゴン Paragon	中型	フランス	原産国はフランスですが、オーストラリアでも多く栽培されます。
ミッション Mission	中型	アメリカ	カリフォルニア州で発見されたスペイン系品種で、日本には明治時代末頃から入ってきました。樹形は直立性でバランスよく成長。葉はやや銀葉系で先端が尖った形をし、実の香りも良く広く栽培されています。
コロネイキ Koroneiki	中型	ギリシャ	樹形は拡張型で、花粉量も豊富です。耐寒性が弱いので、温暖で雨の少ない地方向き。

受粉×（自家結実できない品種）

ネバディロブロンコ Nevadi llo Blanco	（花粉樹） 中型・早生	スペイン	とてもポピュラーな品種で、流通量も多い。成長は旺盛、樹形は直立性。葉はやや薄めのグリーンで、裏は灰緑色。受粉樹として利用されます。
マンザニロ（マンザニリャ） Manzanillo	中～大型・早生	スペイン	実がりんごのような形をしています。葉は銀葉系で小型、やや丸みがあり、枝が密でコンパクトにまとまりやすい品種。
アスコラーナ（アスラーノ） Ascolano	小型	イタリア	実は大きな楕円形で熟しても明るい色。葉は丸みを帯び、樹形は広がりやすい品種。
ベルダル Verdale	中型	フランス	ベルダーレまたはバーデールとも呼ばれ流通しています。花は微かに香りがあり、葉は大きめで銀葉系、樹形はまとまりやすい品種。
バルネア Barnea	中型	イスラエル	樹形もよくまとまる優れた品種。 葉は緑葉で丸め、実は中型で丸く沢山つく品種です。

フラントイオ
コロネイキ
レッチーノ
ルッカ
ネバディロブロンコ
ミッション
ワン・セブン・セブン
アーベキーナ

ラベンダー

科名／シソ科ラベンダー属
原産地／地中海沿岸

ラベンダーのはちみつ
ヨーロッパで人気のラベンダーはちみつは香りが強く、きれいな琥珀色が特徴です。

香りの女王の称号をもつアロマプランツ

ハーブのなかでも知名度が高く、数多くの品種があります。ラベンダーの香りには神経を落ち着かせてストレスを和らげる効果がありますが、作用は穏やかで刺激が少なく、赤ちゃんにも安心して使うことができるので、夜泣きしたときにはラベンダーのアロマを焚いたり、枕元にサシェ(匂い袋)を置くと良いでしょう。古代ローマ時代から入浴剤として使われ、皮膚の再生促進の効果があることから、スキンケアにも人気があります。香りが強いのでお茶として楽しむ場合には控えめにし、ほかのハーブとブレンドを。

ラベンダー石けん

熱湯で抽出したラベンダーティーを冷ましておきます。無香料の石けんをすりおろし、ティーを加えてよく混ぜれば、ラベンダーの香りの石けんを手軽に作ることができます。クッキー型などで抜いてもいいでしょう。肌を引き締め、殺菌効果が。

茎の利用

香りの高い茎は乾燥させ、香と一緒に焚いてみましょう。

花は逆さにつるして乾燥

ラベンダーの花を刈り取ったら、水に入れてはいけません。すぐに茎にカビが生えてしまいます。花は束ねて、風通しの良いところに逆さにしてつるし、乾燥させましょう。

フレッシュラベンダーティーの魅力

自家製ハーブで是非試したいのが、フレッシュラベンダーティー。ティーポットに花穂を2本いれ、熱湯を注ぎます。ドライでいれたティーとは全く別のもののようなやわらかい香りが、心身ともにリラックスさせてくれます。

栽培と収穫

蒸れが大敵 切って株をリフレッシュ

植えつけ

高さ10cmくらいの苗木なら直径15cmくらいの鉢に植えます。地植えなら水はけの良い場所で土を少し盛り上げて植えつけ。

収穫

茎葉は一年中収穫でき、花は7分咲きのころ、晴天が続いた日の午前中に収穫。株元から2～3節上か3分の1ほどの高さで刈り取りましょう。

切り戻し～さし木

枝が混み合うと蒸れて枯れてしまいます。春先と花の収穫時、寒くなるころに切り戻して風通し良く育てましょう。春先はとくに強く剪定します。ラベンダーは突然枯れることがあるので、切った枝はさし木にして予備の苗を作っておくのがおすすめです。

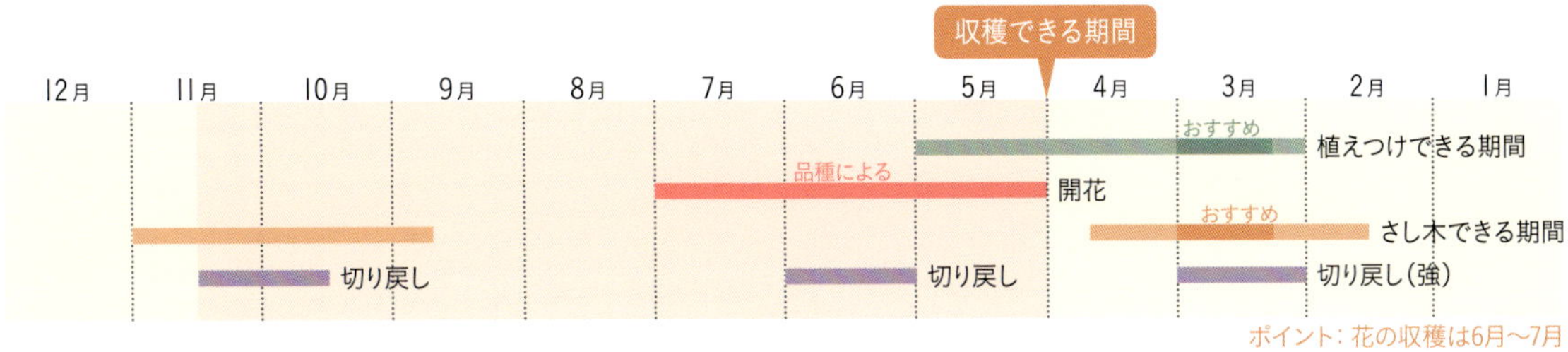

ポイント：花の収穫は6月～7月

ラベンダーの品種分類

ラベンダーには数多くの栽培品種があり、
イングリッシュラベンダー、ラバンディン、フレンチラベンダーなど、
いくつかのグループに分けられます。

イングリッシュラベンダー	イングリッシュラベンダーの系統はコモンラベンダー、トゥルーラベンダー、真正ラベンダーとも呼ばれ、もっとも香りが良く、精油成分が多いのが特徴です。小ぶりで色が濃い花が花穂につきます。北海道の富良野にあるイングリッシュラベンダーの見事な畑は有名です。寒冷地向きであるため高温多湿に弱く、関東地方以西の地域での栽培は難しいです。 おもな品種は、ヒドコート、オカムラサキ、ナナ・アルバ、マンステッドなど。
ラバンディン	イングリッシュラベンダーにスパイクラベンダー（Lavandula latifolia）をかけ合わせた品種で、イングリッシュラベンダーよりも耐暑性が高いため、栽培しやすいのが特徴です。刺激的な香りと精油成分があり、香料などに利用されていますが、イングリッシュラベンダーと比べると香りの質が少し違います。花は大きめで、葉が広いものがあります。 おもな品種は、スーパーセビリアンブルー、グロッソ、アルバ、プロバンスブルー、グレイヘッジなど。
フレンチラベンダー	フレンチラベンダーは、イタリアンラベンダー、スパニッシュラベンダーとも呼ばれています。花穂の先端にウサギの耳のような長い苞葉が出るのが特徴で、かわいい姿に人気があります。香りは少ないのですが、暑さに強く育てやすいので、園芸種として楽しまれています。 おもな品種は、キューレッド、エンジェル、ストエカスアルバ、ビリディスなど。
その他	葉に細かいギザギザが入るデンタータ種、四季咲き性のプテロストエカス種も見かけるようになりました。

イングリッシュラベンダー

フレンチラベンダー

PART 4

果樹のハーブ

FRUITS TREE

果樹の基本

木本の中で果実をつけるものを果樹と呼びます。通常、数年栽培して木が充実してからでないと果実はなりません。果樹は、夏から秋に果実をつけ、冬までに葉を落とす「落葉果樹」、通年、葉を茂らせている「常緑果樹」、熱帯地域原産の「熱帯果樹」に分けられます。

果樹は品種によって、1本植えただけで果実をつける「自家結実性」と、複数品種を一緒に育てないと果実がつかない「自家不結実性」があります。果樹の性質をよく理解し、準備をしましょう。

●果樹の苗木について

果樹の苗木は「実生《みしょう》苗」「さし木苗」「接ぎ木苗」があります。

種から育てた実生苗は幼木の期間が長く、果実がなるまで時間がかかりますし、親と同じ果実がなるとは限りません。市販されている果樹の苗木はほとんどが「接ぎ木苗」です。接ぎ口がきれいで目立たない苗を選びましょう。幹が太く、枝にハリがあり、葉と葉の間がほどよく詰まっているものや、充実した芽や葉がたくさんついている苗は育てやすいでしょう。

果樹の苗木にはポット苗のほか、裸苗も出回ります。裸苗は畑から掘り出して土を落とした状態のもので、根巻き苗とも呼ばれます。冬の時期に通信販売で購入する場合などに多く見られます。

植えつけ時の注意

●植えつけ適期

果樹の植えつけ適期は12～3月。ただし、寒冷地では霜が降りる前の10月ころが良いでしょう。芽が出る前までに植えつけを行います。

●植えつけ方法

裸苗を植えつける場合は、根と土の間にすき間ができないようにすることが重要です。鉢に用土を入れ、その上に、根を広げた苗木を置きます。さらに根の間に用土を加え、苗木を軽く揺すりながらすき間に土を入れていきます。根がかくれるところまで土を入れたら、たっぷりと水をやり、根と土がなじんだら、さらに土を入れて植えつけます。

●接ぎ木苗の場合

接ぎ木苗の場合は、まず、接ぎ木テープを外します。接いだ部分が必ず地面より上に出ていることを確認してから、植えつけましょう。

●支柱を立てる

根がしっかり着くまでは、支柱を立てても良いでしょう。

大きな果実を収穫するために

肥料

果樹栽培において、肥料を施す時期は大変重要です。大きく分けて、年に3回のタイミングがあります。

❶元肥（12～3月）

新しい芽の生育にかかせない肥料です。萌芽前に施しましょう。チッ素とリン酸を含んだ、緩行性の有機肥料を中心に。

❷追肥（6～7月）

開花や根の伸長を促すとともに、果実の発育のための肥料です。カリを含んだ速効性のある肥料を与えます。チッ素分は控えめに。

❸お礼肥（9～10月）

収穫直後を目安に施します。弱った樹勢を回復させるための肥料です。チッ素分を多く含んだ速効性の肥料がよいでしょう。

❹水やり

果実が肥大する時期はたっぷりの水を必要とします。高温期でもあるので、水枯れに注意しましょう。果実の肥大が終わったら、水やりは控えます。こうすると、味が濃くなります。収穫の２ヶ月前を目安にしましょう。

レモン

科名／ミカン科ミカン属
原産地／ヒマラヤ東部

ホットレモン

無農薬で育てたレモンは皮まで安心して味わえます。

保存方法

コップに水少々を入れ、切ったレモンの切り口を下にして、水につからないように入れます。上からラップをかけ、冷蔵庫で保存。切り口が乾燥しないのでみずみずしい状態をキープできます。

風邪予防や美容効果を期待できる

インド原産のため寒さに弱く、苗木では結実するまでに数年かかりますが、ビタミンCが豊富で使い勝手のよい果実が楽しめます。抗毒素作用があり、口臭予防やにきびの殺菌などにも。日本では広島が生産量第1位。ワックスや防腐剤がついていない国産レモンは、皮まで安心して使えます。丸ごとはちみつ漬けや塩漬けにする場合は、ぜひ国産をチョイスしましょう。

また、アルカリ性を中和する働きや汚れを落とす力、漂白作用があるので、キッチンの油汚れや、洗面台や蛇口の水垢の掃除に最適です。絞ったあとのレモンの皮も有効利用を。

塩レモンの作り方

材料は国産レモンとレモンの重量の10～20％の塩だけ。

よく洗ったレモンを皮ごとくし形に切り、消毒したビンに塩、レモン、塩と交互に重ねて入れ、一番上に塩がくるように詰めます。ふたをして、冷蔵庫で保存します。ときどきビンを振って上下がよく混ざるようにしましょう。1週間で食べ始められますが、エキスが出てトロリとしてくるのは1ヶ月後から。トロトロになってきたらレモンごとミキサーにかけ、塩レモンペーストにしても良いでしょう。

レモンリーフ

葉にもさわやかな香りがあります。生葉を紅茶に浮かべたり、白身魚やひき肉などを包んで蒸し焼きにしたりと、レモンの産地シチリアでは食用として使われています。

栽培と収穫

若木は間引いて植えつけ3～4年で開花

植えつけ

3度以下になる地域では鉢植えで育てます。地植えなら日当たり良く水はけの良い場所に植えましょう。鉢植えは2～3年ごとに植え替えます。

剪定～施肥

若木は枝をぐんぐん伸ばしますが、枝ばかり伸びると花や実がつきにくいものです。重なり合った枝などはつけ根から間引き剪定をします。年3回ほど肥料を与えることで実つきが良くなります。

収穫

植えて3～4年で花が咲きだします。ほぼ周年咲きますが、春に咲いた花の実以外は小さなうちに摘み取り（摘果）、地植えで20～30個を目安にしましょう。

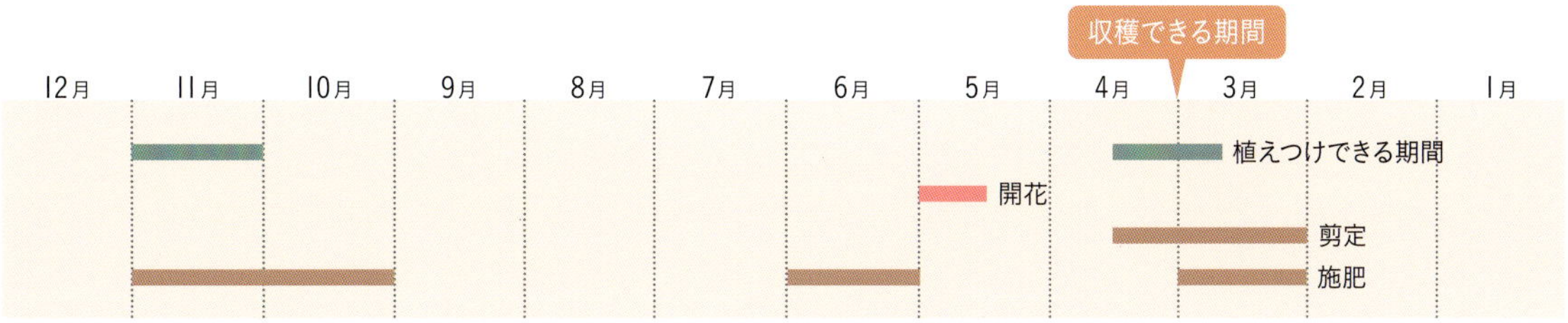

ユズ（柚子）

和名／オニタチバナ（鬼橘）
科名／ミカン科ミカン属
原産地／中国長江上流

ユズジャム

千切りにした皮と、粗くきざんだ果肉を、砂糖と一緒に煮詰めてジャムに。自家製のユズなら安心して作れます。

果汁は冷凍可能

たくさん絞って余ってしまった果汁は製氷皿に入れて冷凍しておきましょう。風味はそのままで、使いたいときにすぐ使えます。

さわやかな香りと ほどよい酸味は すぐれた調味料

庭に植えると家が栄えると言い伝えのあるユズ。冬至の日には風邪をひかないようユズ湯に入る習わしがあるなど、日本では古くから生活に密着した植物です。もっとも香りの強い皮には抗酸化作用があるビタミンCが多く含まれ、果汁には疲労回復効果があるクエン酸がたっぷり。果実を使ってシロップやジャムにしたものは、お湯で溶かしてユズ茶としてもいただけます。焼酎などに漬けこんでユズ酒にするのもおすすめです。皮を千切りにして乾燥させ保存しておくと、料理の香りづけに重宝します。

自家製ユズコショウを作りましょう

ジャコやごまと一緒におにぎりに。保存が利く自家製ユズコショウを作るのもよいでしょう。すりおろした皮に青トウガラシのみじん切りと塩を加え、フードプロセサーかすり鉢でよく混ぜ合せると、鮮やかな緑色のユズコショウができます。塩の量はユズ皮の15～20％程度で。お好みでユズの絞り汁を少々加えるとなめらかになります。冬になり、黄色くなったユズと赤く色づいたトウガラシを使って作ると、オレンジ色のユズコショウができます。2色揃えるのも楽しいです。

種は化粧水に

種を焼酎に漬け、ときどき振りながら冷暗所に置いておくと、1週間ほどでトロリとしてきます。種を取り出した原液は化粧水の元になります。小分けにして、2～3倍の精製水で薄めれば化粧水に。保湿と美肌効果があるそうです。取り出した種は、もう一度化粧水作りに使えます。

ユズの葉ティー

葉にも香りがあり、若葉はハーブティーとしても楽しむことができます。香りを活かしてピクルスなどを漬けるとき忍ばせても。

栽培と収穫

寒さに強い柑橘類 接ぎ木苗は3~5年で収穫

植えつけ
マイナス7度まで耐えられるので、東北地方でも地植えできます。水はけ、水もちの良い用土に植えましょう。鉢植えは2年ごとに植え替えます。

水やり~肥料
乾燥には強いものの、幼木は地植えでも夏に水やりすることで、枝がよく伸びます。肥料は年2~3回、有機質肥料か速効性化成肥料を与えましょう。

収穫
接ぎ木苗は3~5年で収穫できます。果実が青いうちから利用できるので、摘果をかねて早くから収穫しましょう。黄色くなった実を長くつけておくと、翌年の花が咲きにくくなるので気をつけます。

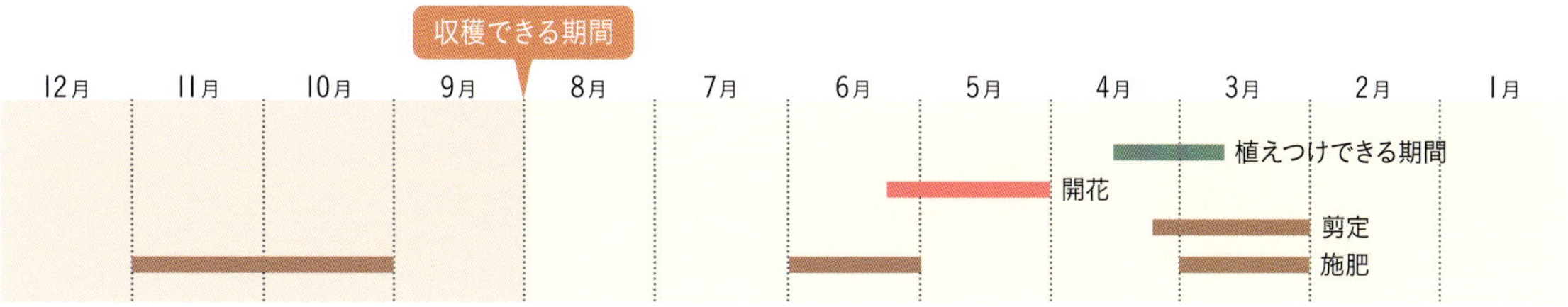

ブルーベリー

和名／ヌマスノキ、アメリカスノキ
科名／ツツジ科スノキ属
原産地／北アメリカ

注目の ブルーベリーリーフティー

ブルーベリーの実にポリフェノールが多いことはよく知られていますが、プロアントシアニジンというポリフェノールは、実よりも葉に多く含まれていることがわかりました。プロアントシアニジンは抗酸化力が非常に高く、免疫力アップ、血管強化、老化防止、動脈硬化予防などの効能が期待されています。

リーフティーの作り方は簡単。濃い色の葉を20枚ほど摘み、よく洗ったら水気を切ります。ラップに包んでレンジに1分ほどかけた後、フライパンでから煎りにします。細かくくだいた葉に湯を注ぎ、5分ほど煮だしたら完成です。

品種選びが栽培成功の大きなポイント

実にアントシアニンを豊富に含むことで知られているブルーベリーには、ハイブッシュ系とラビットアイ系の2つの主要な系統があります。一般的に、ハイブッシュ系は1本植えておくだけで結実しますが、ラビットアイ系は異品種を複数本植えておかないと実つきが悪いといわれています。以前は、ハイブッシュ系は寒冷地向き、ラビットアイ系が暖地向きとされていましたが、改良が進み、暖地で栽培可能なハイブッシュ系の品種も登場しています。苗木を購入する際は栽培地に適した品種かどうかをしっかり確認しましょう。

ブルーベリービネガー

ブルーベリー100g、砂糖100g、りんご酢200gをびんに入れ、10日ほど寝かせたら、鮮やかなブルーベリービネガーのできあがり。ソーダや牛乳で割ったり、ドレッシングやソースに加えたりと、幅広く使えます。酢は黒酢を使っても。

収穫の度に冷凍保存

水で洗ったら、キッチンペーパーでしっかりと水気をとり、フリーザーバッグなどに入れて冷凍庫へ。少しずつの収穫が続いても、量がまとまったところで利用できます。

栽培と収穫

気候にあわせて品種選び コンパクトに楽しめる

植えつけ

寒さに強いハイブッシュ系と暑さに強いラビットアイ系の品種を選び、組み合わせます。酸性の用土を好むので、鹿沼土や酸土未調整のピートモスを等分ずつ混ぜた用土で植えつけましょう。鉢植えは2～3年ごとに植え替えます。

剪定～施肥

コンパクトな樹形です。前年伸びた枝先に翌春花が咲くので、冬の剪定では花芽を落とさないように気をつけます。元肥や追肥には化成肥料だけでなく、堆肥など有機質の肥料もおすすめです。

収穫

苗木を植えて1～3年で収穫できて、品種を組み合わせると3カ月ほどでも収穫できます。果実は色づいてから5日以上おいたほうが、大きくなって甘味が増します。

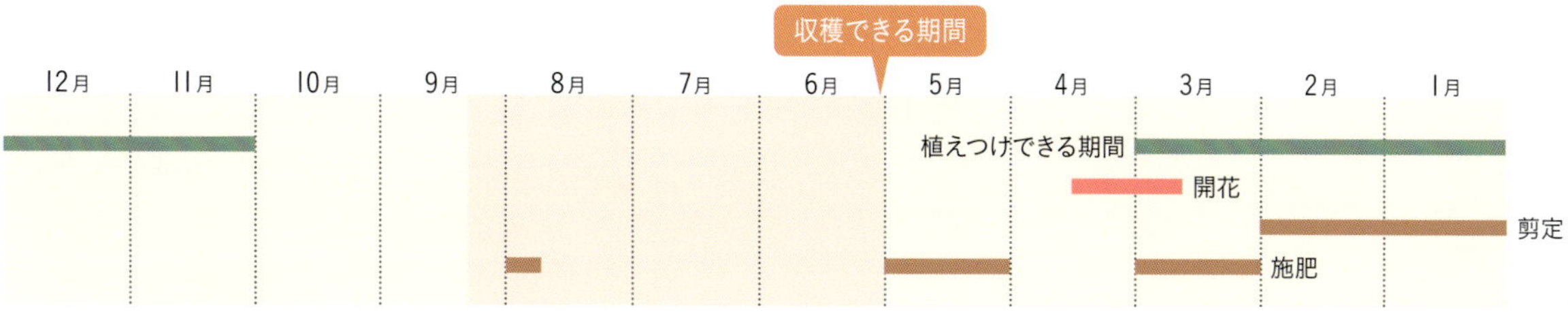

収穫時期は品種によって違いがあります

ブルーベリーの品種分類

ブルーベリーには200以上の品種があります。
大きく分けると寒さに強いハイブッシュ系、暖かい地方向きのラビットアイ系。
それぞれに早生や晩生の品種があり、収穫の時期が異なります。
暖地向けに改良されたサザン・ハイブッシュ系やハイブリッド系、
1m位までしか背が高くならない半樹高ハイブッシュという品種などさまざまですから、
栽培場所の気候と、着果しやすい品種の組み合わせを考えて選ぶと良いでしょう。

ラビットアイ系 品種：フェスティバル、ブルーシャワー、キャラウェイ、ウッタート、ティフブルーなど	関東以南～九州	収穫7月中旬	樹高が高く大きくなります。土壌への適応性が高くて作りやすく、初心者向きの系統といえます。収穫期間が長く、多収傾向の品種が多く見られます。初年度は、剪定して実を付けずにおくと、1年で驚くほど大きくなる傾向があります。甘い品種が多く、ラビットアイ系の違う品種を2本以上植えると実のつきが良くなります。
サザン・ハイブッシュ系 品種：ミスティー、シャープブルー、アイブルー、ブルーマフィンなど	関東以南～九州	収穫6月～7月	樹高が高く大きくなります。暑い地域でも栽培可能なハイブッシュ品種の系統です。全般に暑さに強いですが、反対に寒さや乾燥にやや弱い傾向があります。樹高は1～1.5m前後。果実の大きさは大粒種もあり、比較的豊産性で風味良く甘味酸味のバランスに優れています。サザン・ハイブッシュ系の違う品種を2本以上植えると実のつきが良くなります。
ノーザン・ハイブッシュ系 品種：ブルーレイ、ブルークロップ、ジャージー、デキシー、アーリーブルーなど	関東以北～九州（冷涼地）	収穫6月～7月	ノーザン・ハイブッシュ系品種は、寒冷地に適した系統です。果実は生食用ブルーベリーの『酸味と甘み』をもっています。関東以北の寒冷地で育てやすく、ノーザン・ハイブッシュ系の違う品種を2本以上植えると実のつきが良くなります。

かんたん水耕栽培

土を使わない水耕栽培は、キッチンにぴったり。
100均グッズを使って短期間で収穫できます。
葉もの野菜を育てれば、地産地消のサラダも。
健康なハーブ野菜を育てる6つのヒミツ。

水耕栽培にチャレンジ

水耕栽培とは、本来は土の中で育つ根を水につけて生長させる方法です。

植物の根は、水といっしょに生長に必要な養分や酸素を取りこんでいます。この水の管理をうまく行うことがポイントです。植物が生長するために必要な、光と水、そして養分をコントロールして、健康でおいしいハーブ野菜を育ててみましょう。

1 シンプルな容器のヒミツ

容器は、１００均ショップにある水切りザルが便利です。ザルの部分に土（ココマット）を入れて、ザルの下の水が溜まる部分に、培養液を入れます。

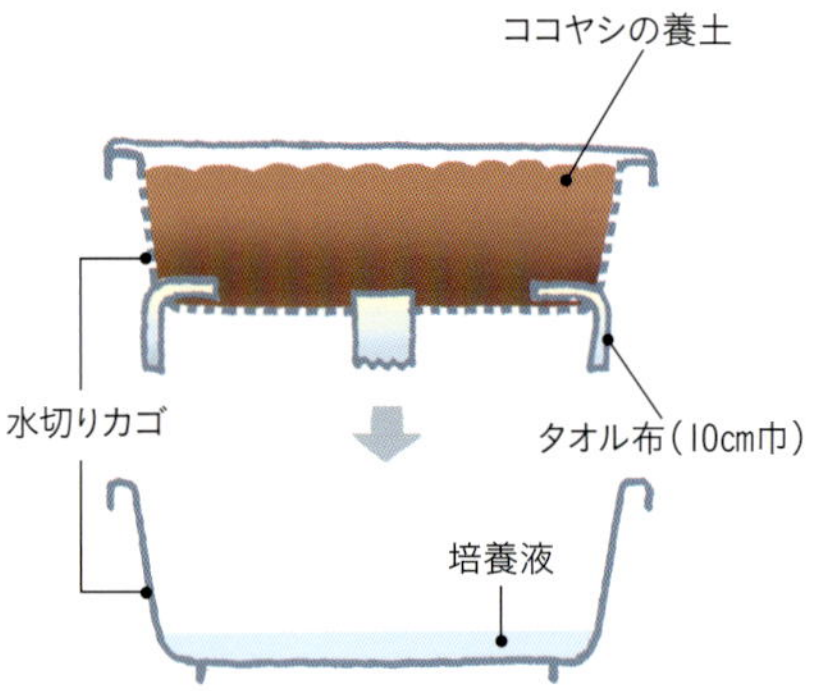

容器が深く、培養液が上がりづらい場合は、ザルのサイドに切れ込みを入れて、吸い上げるための、タオル生地（10cm幅ほどの帯状）を差し込みます。

2 土のヒミツ

土は、ココヤシの実の繊維をリサイクルした園芸用土を使います。これも100均ショップにあり、堅いキューブ状にパックされています。

バケツに水を張ってひと晩浸しておくと、5～10倍ほどの量に膨らみます。アクがでるので、水を替えてゆすいでから使います。

繊維質だけなので軽く、扱いやすいのですが、背丈のある野菜（トマトやキュウリなど）は、根が地上部を支えられないので、支柱を取り付ける工夫が必要です。

3 水のヒミツ

水耕栽培用の液体肥料が市販されているので、これを使います。

ポイントは、培養液の「濃度」です。薄いと充分に生長できなかったり、葉の色が鮮やかにならず、しっかり育ちません。逆に濃過ぎると生長障害をおこすので、適切な濃度を心がけます。

夏場は温度が上がって水分が蒸発し、培養液の濃度が濃くなります。下に溜まった培養液はいったん捨てて、器を清潔にしてから新しい培養液を入れましょう。

4 種まきのヒミツ

ルッコラやミックスリーフは、種を直まきします。葉もの野菜は、それぞれに適したまき時があるので、種袋裏の解説を確認して行いましょう。

種をまいたら、薄く用土をかけて、表面が乾燥しないようにします。表面が乾いたら、ジョウロなどで養液をかけてやります。

発芽して生長すると、ザルの底面から根が伸びて培養液に達しますが、それまでは用土が乾き過ぎないよう、こまめに観察をしましょう。

5 管理のヒミツ

発芽したら、盛夏以外はなるべく日中の直射日光（1日5時間以上）に当てて育てます。出窓や室内での栽培では、日照不足のためひょろひょろと徒長した葉に育ってしまいます。しっかり育った葉は味も濃く、栄養分も豊富です。

ベビーリーフであれば、種まきから5週間ほどで収穫が始まります。ハサミでカットして使いますが、根元には生長点が残っているので、次々に新しい葉が出てきます。環境が整っていれば、2〜3カ月以上収穫を続ける事もできます。

6 いろいろ育つヒミツ

種まきだけでなく、市販の野菜やハーブを「さし芽」することも可能です。

バジルやクレソンなど、水を好む野菜は、コップにさして根が出たら、用土に移植してやります。根がついたセリなら、その根を植えつけます。いずれも夏の直射日光に弱いので、明るいベランダの影の中で管理するのが良いでしょう。

まだまだある！

使える
ハーブ図鑑

使えるハーブ図鑑

近年、珍しいハーブの種や苗も手に入りやすくなりました。
少しマニアックな種類をご紹介します。

エキナセア

キク科のハーブで、免疫力強化やウイルス撃退に効果があります。根をウォッカなどに漬けてできるチンキは、虫さされや傷の手当のほか、お茶に入れたり、うがい薬としても使えます。品種豊富で比較的育てやすいので、ガーデニングや切り花にも。

エルダーフラワー

小さな白い花が花火のように咲き、鑑賞用としてもかわいく育てやすいハーブ。ヨーロッパでは万能薬とされ、古くから利用されています。はちみつと相性が良く、摘みとった花のはちみつ漬けは、紅茶に入れたり、体調が優れないときになめても。最近では花粉症への効果も期待されます。

キャラウェイ

和名はヒメウイキョウ。セリ科のハーブで古代から人やものを惹きつける力があると信じられ、惚れ薬の材料としても使われました。腹痛や気管支炎に効き、精油を垂らした水はうがい薬としても有効。甘く爽快な香りのする葉はサラダに、種はスパイスに、根は煮込み料理にと、さまざまな料理に使えます。

コーンフラワー

日本ではヤグルマギクと呼ばれ、さまざまな色の花を咲かせるので、着色料や飾りに使われてきました。名前の由来はとうもろこし畑や麦畑でもたくましく育つことから。花から抽出したエキスには収れん作用や消炎作用があり、手作り化粧水の原料にしても。

サフラワー

和名はベニバナ。日本では古くから染料として馴染みがあり、最近では種からしぼった食用のベニバナ油としても使われます。橙色の花はハーブティーとして楽しめるほか、茎や葉も食べられます。漢方でも生薬「紅花（コウカ）」は婦人科系の代謝不全に処方されます。

サマー・サボリー

「ウインター・サボリー」と同じくスパイスとして使えます。こちらの方がすっきりとしたタイムのような香りで、風味はまろやか。「豆のハーブ」といわれるほど豆料理との相性が合います。虫さされに効果があり、葉を手で揉んで蜂や蚊に刺された場所に湿布しておくと、症状が和らぎます。

ウインター・サボリー

一年草の「サマー・サボリー」に対し、こちらは毎年育つ常緑低木で、1年を通して収穫できます。コショウのような香りで辛みが強く、肉料理や豆の煮込みの香り付けに向き、オイルやビネガーに漬けておくのもおすすめ。おなかに溜まったガスを抜いたり消化促進にも効果あり。

サラダバーネット

ギザギザの葉が、タンポポのように放射状に伸びます。キュウリのような青っぽい香りがあり、名前の通りサラダとして美味しくいただけます。茎の先に球のように咲くピンクや赤の花は、ドライフラワーや切り花としても楽しめます。丈夫で寒さに強く、初心者にも比較的育てやすいハーブです。

タラゴン

香水にも使われる甘い香りで、ピリっとした苦味のある、フランス料理では定番のハーブです。タラゴンにはフレンチ種とロシアン種があり、料理には香りの良いフレンチタラゴンが使われます。食欲促進や傷の治療、歯痛などに効果があるとされます。

ディル

「魚のハーブ」とも呼ばれ、古くからヨーロッパで親しまれてきました。ニシンの酢漬けやマヨネーズと練ってサーモンのソースに、また鶏肉やじゃがいもにまぶしても美味しくいただけます。香りには消化吸収の働きを助けたり、母乳促進の効果もあります。

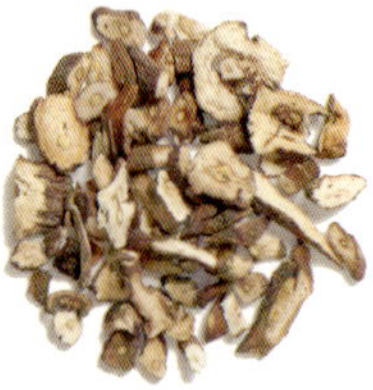

ダンデライオン（タンポポ）

道ばたに咲く花のイメージですが、欧米ではハーブとして昔から自然療法に使われてきました。利尿作用や強壮効果があり、すこし苦味はありますが、サラダやおひたし、酢の物に向きます。アーユルヴェーダでは肝臓や胆のうの不調、胃腸の弱りに効果があるともいわれています。根を煎ったものはタンポポコーヒーと呼ばれ、飲み物になります。

ニゲラ

雪の結晶のような花を咲かせ、鑑賞用としても楽しめるハーブ。種子は英名でブラッククミンと呼ばれ、クミンに似た独特の香りと辛味を持ち、インドではスパイスとしてカレーや豆料理などに広く使われます。また、種から抽出したオイルには、抗ヒスタミンや抗菌作用があり、古くからアレルギー皮膚炎や湿疹などに利用されていました。

ホースラディッシュ

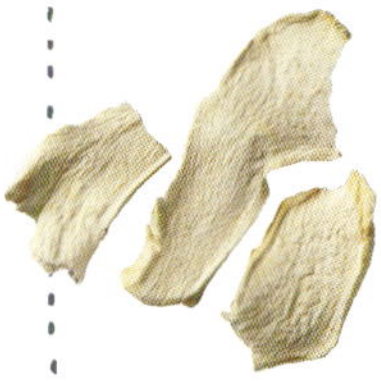

日本では西洋わさびとも呼ばれ、根をすり下ろして食用にします。わさびやからしと同じ辛味成分が含まれ、粉わさびやチューブタイプのわさびの原料にもなっています。繁殖力が強く耐寒性があるので、北海道では野生化しており、家庭でも育てやすい植物です。

チコリ

アンディーブとも呼ばれるヨーロッパ原産の野菜。舟形の葉は、上にラタトゥイユやサーモンなどをのせてフィンガーフードにするのがおすすめ。利尿促進やコレステロールの低減、肝機能の活性化などに効果があります。刻んだ根を煎ってドリップすれば食物繊維とミネラルが豊富なコーヒーにも。

ヒソップ

シソ科のハーブで、ミントのような甘くさわやかな香りがあり、葉は料理の香り付けやハーブティーに、花はポプリとして利用されます。抗菌性が高く、消化不良や気管支炎などに良いとされ、葉や花を砂糖で煮詰めてシロップにしたものは、風邪予防や咳止めなどに効果があります。

ボリジ

星形の花が美しく、観賞用としても人気のハーブ。花はサラダやお菓子に、キュウリのような味の葉や茎はサラダや炒め物におすすめ。種を圧搾したオイルにはガンマリノレン酸が多く、血糖値低下や血栓解消の効果があるといわれますが、肝毒性のあるピロリジンアルカロイドをわずかに含むので、繰り返しの摂取は避けましょう。

ホップ

松ぼっくりのようなかたちの花が咲き、ビールの苦味や香りのもとになる原料として知られています。ホップから天然酵母をおこして焼いたパンはしっとりと瑞々しく、花は天ぷらや、ハーブティーにしても。つるで伸びていくのでグリーンカーテンにもおすすめ。

マジョラム

古くから薬用として使われ、鎮静作用から心と体を温める安らぎのハーブといわれています。オレガノとよく似ていますが、より甘みが強く繊細な香りで、わずかに苦味を含みます。葉を乾燥させて刻んだものは、ポークソテーやチキン、オムレツなどを焼くときのスパイスにしたり、タルタルソースに混ぜても。

ワイルドストロベリー

野生のイチゴの総称で、さまざまな種類がありますが、どれも小粒で香り高く、ビタミンCと鉄分が豊富。生食のほか、ジャムやアイスなどに利用されます。葉は古くから創傷治癒や整腸剤として使われ、ハーブティーとして飲むのがおすすめです。

マーシュ・マロウ

根に粘りのある成分が含まれており、これを原料にしたお菓子がマシュマロと名付けられ、ハーブを原料にしなくなった現在でも世界中で愛されています。根の粘液には喉の痛みや気管支炎、口内炎、膀胱炎の緩和に効果があるとされ、葉や花はハーブティーに、若葉はサラダや砂糖と煮詰めてのど飴にしても。

キャットニップ

ネペタラクトンという香り成分により猫が陶酔状態になることから、猫が酔っぱらうハーブといわれています。柑橘系を思わせる香りで、葉と花には強い発汗作用があります。精神をおちつかせ、不眠などにも効果があるといわれ、乾燥させてポプリにすることも。すこし日当りの悪い場所でも育ち、繁殖力も旺盛ですが、猫に荒らされてしまうので注意が必要です。

ユーカリ

1000種近い品種のユーカリ属の総称で、葉形や樹高はさまざま。葉には揮発性の精油分が含まれ、医薬品にも利用されるほか、殺菌力も高いとされるので、洗濯洗剤に混ぜたり、入浴剤として使うのもおすすめ。防虫作用もあり、虫除けスプレーにも使われます。

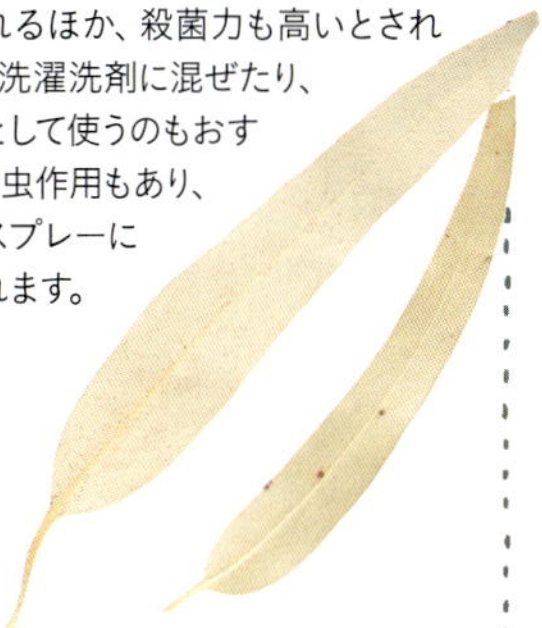

ルバーブ

セロリやフキによく似た茎は食物繊維やビタミンCが豊富で、ヨーロッパでは甘く煮て食します。強い酸味を活かしてドレッシングにしたり、細かく刻んでサラダにしても。葉はシュウ酸を多量に含むので食用にはしません。アーユルベーダでは、宿便を除去し大腸を調える最良のハーブとして扱われます。

索引

スタッフ
監修／小川恭弘
アートディレクション／石倉ヒロユキ
編集・執筆協力／真木文絵、光武俊子
協力／STUDIO OFTO、（株）ポタジェガーデン
デザイン／regia
イラスト／小林 晃
写真／石倉ヒロユキ

おうちで育てて、おいしく元気！

キッチンハーブ

2015年4月28日　第1刷発行
2022年3月24日　第8刷発行

発行人　松井謙介

編集人　長崎 有

企画・編集　山本尚幸／尾島信一

発行所　株式会社　ワン・パブリッシング
〒110-0005　東京都台東区上野3-24-6

印刷所　大日本印刷株式会社

●この本に関する各種お問い合わせ先
本の内容については、下記サイトのお問合せフォームよりお願いします。
https://one-publishing.co.jp/contact/

不良品（落丁、乱丁）については業務センター　Tel 0570-092555
〒354-0045 埼玉県入間郡三芳町上富279-1

在庫・注文については書店専用受注センター Tel 0570-000346